U0150707

EXTINCT & ENDANGERED

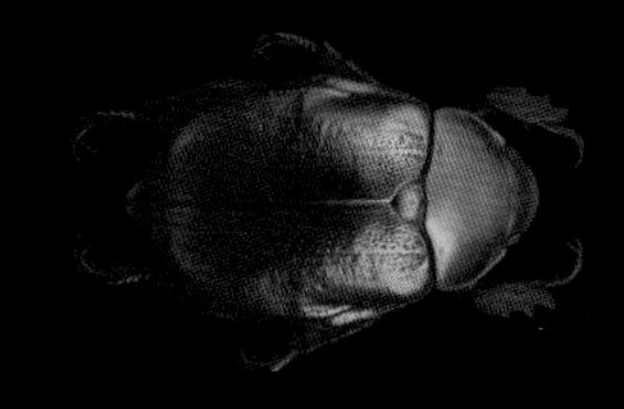

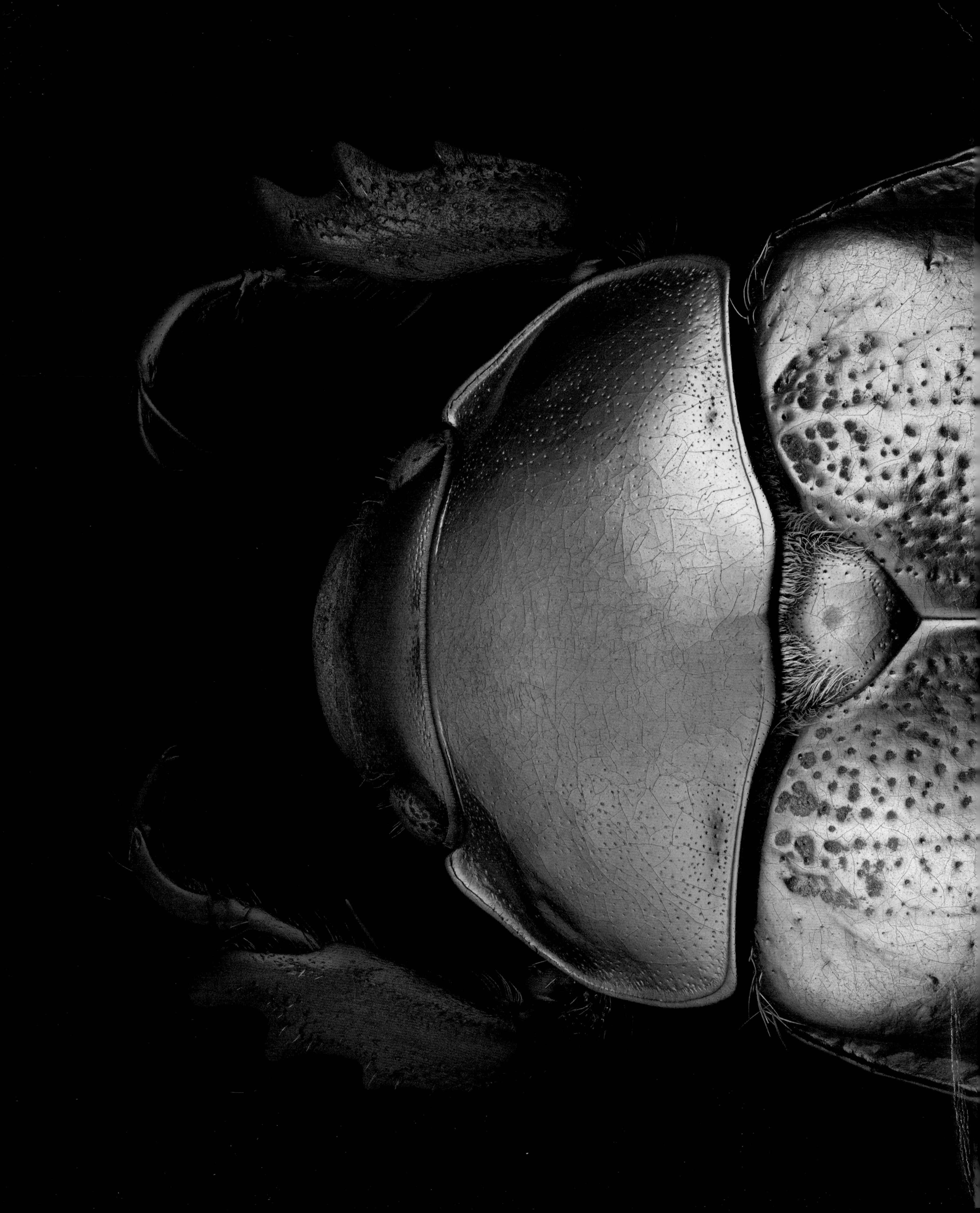

EXTINCT & ENDANGERED

昆虫的艺术

[英] 列文·比斯（Levon Biss）著　王建赟 译　张辰亮 审订

CNS K 湖南科学技术出版社·长沙

目录

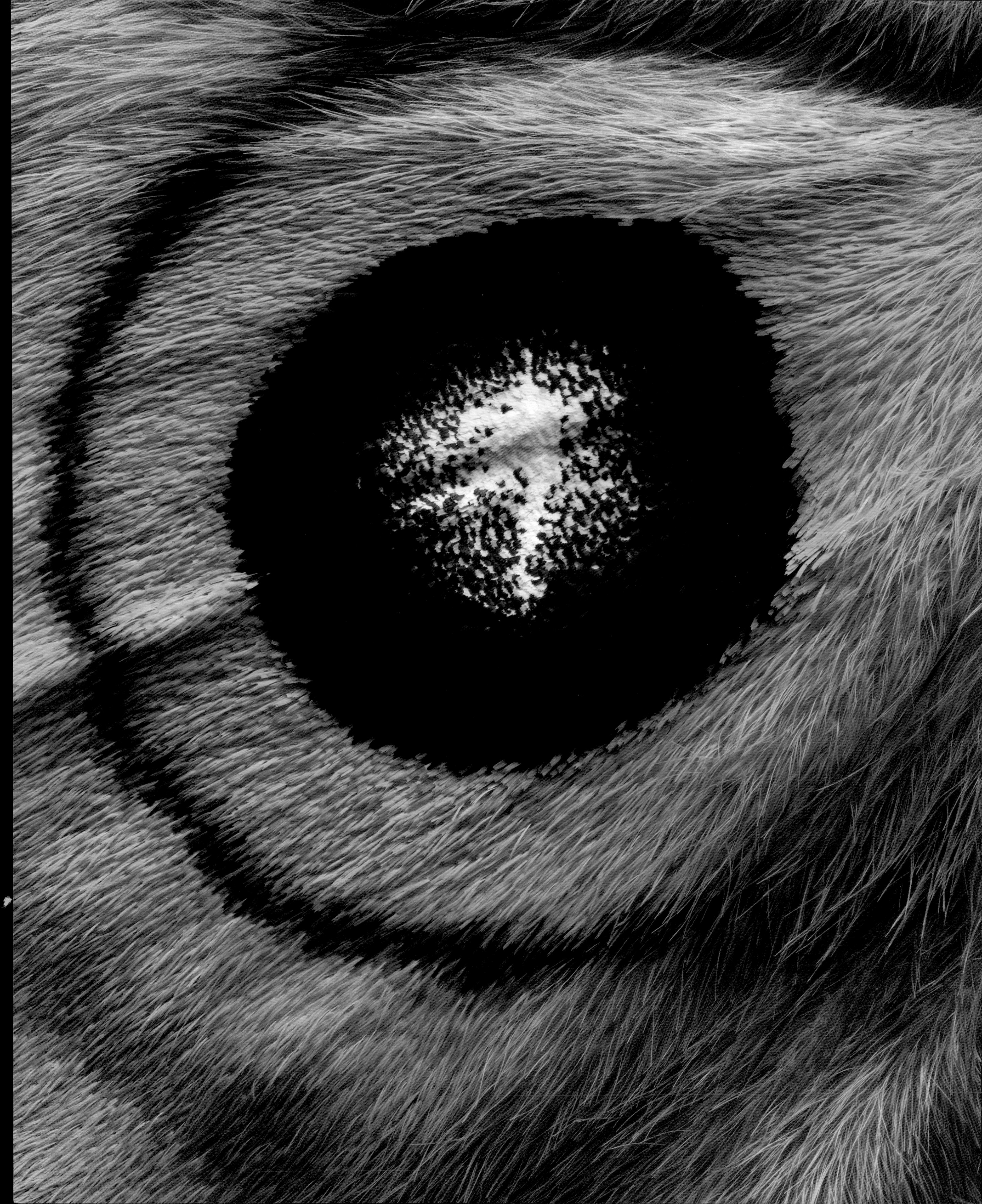

前　言

濒危中的昆虫

大卫·A. 格里马尔迪

常言道，战争的残酷只有亲历者才能体会。人类之间的战争从未停止过，而人类与自然界的战争也一样不曾停歇。这两类冲突中被征服的都是无名之辈，无论死去还是活着同样默默无闻。

在这本书里，摄影师列文·比斯为我们精彩展现了这样一些昆虫，它们在人类与自然抗争的过程中成为默默无闻的受害者。北极熊和鲸的形象可谓无人不知，但提到以下这些物种时，人们可能就有些茫然了：达氏熊蜂（*Bombus dahlbomii*，见第44页），又称"飞天鼠"，是世界上最大的熊蜂；黄缘椭翅虎甲（*Ellipsoptera puritana*，见第70页），虽有"清教徒"的盛名，却藏不住其贪猎的本性；夏威夷群岛上生活着长着锤型脑袋的果蝇（异脉果蝇，*Idiomyia heteroneura*，见第98页），在夏威夷群岛上的数百种果蝇中，它的外型在同类中显得格格不入。本书中的40种昆虫精选自美国自然历史博物馆的馆藏标本，它们都是易危、近危、濒危，甚至已经灭绝的物种。

一般而言，昆虫容易让人产生疏离感的原因主要在于它们微小的体型。比斯把昆虫们的影像放大到了极致，拍出了非比寻常的昆虫肖像，将最精致的细节展现出来——微毛、刻点、口器、翅脉、复眼上的小眼、鳞片上的网纹以及感器的结构。学生时代的我常常痴迷地透过显微镜来观察这些细节，如今依然沉醉其中。"尺寸大小代表不了什么，"英国天文学者马丁·里斯曾这样说过，"一只昆虫远比一颗恒星要复杂得多。"确实如此。复杂的研究对象可能会给科学家的研究工作造成诸多困难，昆虫学家尤其会深陷这类泥沼之中。我们用尽全力地去发现、描述并命名上百万种的昆虫物种，希望能赶在其中许多物种消失之前完成，但这样的努力杯水车薪，研究昆虫的人太少了。"昆虫的物种太多，"我的一个新同事曾这样说，"而时间太少了。"

相对而言，脊椎动物比昆虫受到的监管和保护要多得多。实际上，大多数人对昆虫类群不但漠视，甚至存在很多误解与偏见。在说起蟑螂、蚊子、臭虫一类的昆虫时，我常听到的说法是"害虫的生命力比人顽强多了"。即使极少数与人类伴生的昆虫确实可能比人的适应性更强，但其他99.99%的昆虫又怎么能与它们等同呢？（我从未听说过，由于大鼠、小鼠、鸽子和欧椋鸟这些动物的存在就无须去关心其他哺乳动物和鸟类生存状况的论调）对于面向宏观自然界的科学家而言，将研究工作都

扉页图：铜绿荆树金龟甲（见第36页）
目录跨页图：达氏熊蜂（见第44页）
左页图：褐眼大蚕蛾（见第52页）

聚焦在大型动物上是短视的，昆虫的重要性远不止于授粉，它们在生态系统中扮演的其他角色同样可圈可点。此外，昆虫本身就很美。最早飞向天空的动物是昆虫（较翼龙要早1亿年），最早形成复杂社会结构的也是昆虫，最早改造植物的还是昆虫。也许，正是因为它们与植物的协同进化才促使有花植物开遍天涯。我们的星球不会因为哺乳动物的消失而有太多改变，可是一旦蜜蜂和其他传粉昆虫，还有蚂蚁、白蚁这些昆虫都消失了，我们的生态系统会立刻分崩离析。

君主斑蝶（*Danaus plexippus*，见第8页）曾是北美地区受人喜爱的代表性昆虫。在近几十年里，它的种群数量在持续不断地下降，却仍未得到正式的保护。在墨西哥（东部种群）和美国加利福尼亚州（西部种群）的越冬地，君主斑蝶种群受到密切的监测和调查。但两地的蝴蝶数量都在锐减。2020年11月，加利福尼亚州地方法院裁定对君主斑蝶西部种群不予认定为物种保护对象，其依据为《加利福尼亚州濒危物种法案》（*the California Endangered Species Act*）中并未包含昆虫类群。美国联邦政府则在2020年声明，虽然君主斑蝶总体上具有进入《联邦濒危物种法案》（*the Federal Endangered Species Act*）保护名录的资质，但目前因有优先级更高的保护对象而暂予搁置。

与此同时，由于加利福尼亚州连续的干旱以及森林火灾的频繁肆虐，君主斑蝶西部种群已经走到即将灭绝的关口。久负盛名的君主斑蝶尚且不被命运垂青，这对加利福尼亚州特有却不为人知的其他动植物，如碎斑簇灯蛾（*Lophocampa sobrina*，见第46页）、白纹云鳃金龟甲（*Polyphylla barbata*，见第72页）、暗带狭拟虫虻（*Rhaphiomidas trochilus*，见第80页）更是不详之兆。

澳大利亚也面临类似的问题。岛屿生物区系的生态系统中的生命比陆地上的生命更加脆弱，而原因也不尽相同。岛屿类群如澳岛蝓（*Dryococelus australis*，见第110页），在外来引入的老鼠、獴以及其他昆虫的不断蹂躏下，逐渐失去了抵御力和竞争力。而夏威夷群岛作为曾经的数以千计特有种的家园，如今已经成为“物种灭绝的中心”。

在2017年和2019年，来自德国的两项昆虫种群的重大研究唤醒了全世界。这些报告称，在过去的几十年间，全世界昆虫的总体数量下降了70%至80%，物种数量则下降了约30%。这很快引发了“昆虫末日论”。波多黎各岛、格陵兰岛等地区也相继报道了昆虫锐减的情况，其他各大洲的相关研究正在跟进。这些研究量化和验证了博物学家们长期以来观测到的一个现象：昆虫都去哪儿了？曾经在草地里、路灯下、汽车挡风玻璃上的它们，如今在哪里?

杀虫剂的使用、生境的丧失以及气候的变化是杀向昆虫的主要力量，但昆虫的减退是多种因素叠加影响的，因此很难去区分具体因素的影响效力。比如，生境缺失的影响在美国的海岸、巴西的大西洋森林以及印度的广袤平原极为显著，但这些区域同时也充斥着杀虫剂以及人工照明（夜间的灯光会吸引大量的昆虫）。有些昆虫消失的原因则令人费解。美国的一种识别度很高的大型葬甲（美洲覆葬甲，*Nicrophorus americanus*，见第120页）曾广泛分布于北美洲东部地区，但它的数量在20世纪离奇地减退。与之类似的是黄边胡蜂（*Vespa crabro*，见第66页），该物种在欧洲地区数量明显减退的原因尚不明确，而引进到北美地区的种群则情况尚好。还有一些情况是意料之外的：人们原本为了提高作物产量而将欧洲熊蜂引入智利，但随之带来的病原体侵袭了本地物种达氏熊蜂。

杀虫剂的影响比我们原先以为的要更加恶劣。具有神经毒性的新烟碱类杀虫剂是现代农业生产和草坪管护者眼中的抢手货，它对昆虫的杀伤力比在环境中持续存在的DDT（一种有机氯农药，现已禁用）高出7000倍，这应该是导致传粉昆虫减少的主要原因。因此，很多国家已经禁用了新烟碱类杀虫剂，尽管美国如今还在使用。再加上除草剂和杀菌剂的广泛使用（它们也对昆虫有害），昆虫基本上就没有立足之地了。

无论昆虫是否因杀虫剂而生病，或者因栖息地的丧失而数量减少，其他因素亦可能使昆虫灭绝——人类活动引起的气候变化，如高温和干旱，无疑是压垮昆虫最后的稻草。根据联合国政府间气候变化专门委员会2021年的报告，人类对气候变化的影响证据“确凿”，而且这种影响正向我们袭来。气温升高会使酷热加剧，引起持久而严重的干旱，这将造成大量植物、昆虫和鸟类的消亡。有些物种的分布地已经大幅缩减，只能在狭小的避难所中苟延残喘，如传粉昆虫暗带狭拟虫虻，可能轻易地被一场大火、一次飓风或一次施工建设从地球上抹除。

我们这个星球上的生命演化已经历经了五次大灭绝事件，每次大灭绝的开端不论是陨石撞击，还是大规模的火山喷发活动，结局都是由于地球气候突变和像海洋酸化这样的地质化学剧变，最终造成生物大灭绝。自从2.5亿年前二叠纪末的大灭绝以来，今天的昆虫和其他生物从未经历过如此大规模的消亡，身为一名古生物学家和昆虫学家，我推测，新的大灭绝序幕已经拉开。即使在6600万年前的白垩纪末期，当非鸟类的恐龙、鹦鹉螺和其他物种相继灭绝时，昆虫的数量也没有遭遇如此减退。据相关研究人员评估，生物灭绝速率在人类诞生之后较之前高出1000倍之多。“灭绝”这个词有时表意并不准确，一个物种的消失是一段漫长而循序渐进的过程，地层中的化石记录里会留下它们演化成为新物种，或演变出多个新类群的痕迹。但由于人为原因造成的生物灭绝，往往是演化之路上实际意义的终结。

掌握相关知识是物种保护的第一步，法规的制定也需要这些知识。如今，我们可以通过分析博物馆馆藏的植物和动物标本以及特定的数据集去追溯100年前的植物、昆虫和其他动物在历史中的动态变化。本书所展示的标本是从美国自然历史博物馆多达2000万枚昆虫标本中精挑细选而来，其中包括由物种保育项目捐赠的四个物种的标本（见第18页、98页、110页和120页）。也许有人疑惑，博物馆对物种的消失也应该负有责任吧？答案恰恰相反：博物馆收集标本是经过深思熟虑的，获取这些标本以及对其展开的相关科研活动都是物种保护工作的一部分。每一个新物种被命名后都需要由博物馆保存一枚它的典型标本（称作“模式标本”）。

通过研究比对模式标本以及博物馆的其他标本，可以将待识别的物种正确地鉴定出来，然后才能决定是否要立法保护该物种。博物馆拥有对物种鉴定的绝对话语权。2021年，康奈尔大学和哈佛大学的昆虫学家就从一枚90年前的标本中提取出DNA，用以研究一种已灭绝的灰蝶——加利福尼亚甜灰蝶（*Glaucopsyche xerces*，见第20页），长期以来它都被当作另一物种蓝小灰蝶

这枚马代拉钩粉蝶（*Gonepteryx maderensis*）针插标本是美国自然历史博物馆的科研藏品之一，由列文·比斯拍摄，展现在本书第126～129页。采集标签记载了采集人西里尔·F.多斯帕索斯于1966年在马德拉岛采集到这只马代拉钩粉蝶。本图的尺寸为标本实物大小。

（*Glaucopsyche lygdamus*）的一个高度特化的亚种。尽管我们最后弄清楚了加利福尼亚甜灰蝶的物种地位，但如今再去采取保护这个物种或其生境的措施也为时已晚（它最初的栖息地是如今的旧金山）。不过，这样的发现也证明了博物馆里的标本对于进一步了解珍稀和灭绝的物种是不可或缺的。

为了减缓第六次大灭绝的脚步，全世界的人们应努力摆脱对化石燃料和农药的依赖，寻求更好的农业运营方式，积极治理入侵物种，同时保护好原生及其他类型的自然环境。有的人曾主张将地球的三分之一划为自然保护区；美国昆虫学家、生物学家E. O. 威尔逊则呼吁人类要留给其他生物半个地球的生存空间。从科学的角度看，我们很清楚人类应当如何停止对自然的单边战争；政府的决心也不可或缺。就让我们从接近和了解这些被忽视的昆虫开始吧，像威尔逊所说的那样，“每一件微小的事物都在推动世界的运转”。

右图：泉毛腹潜蝽

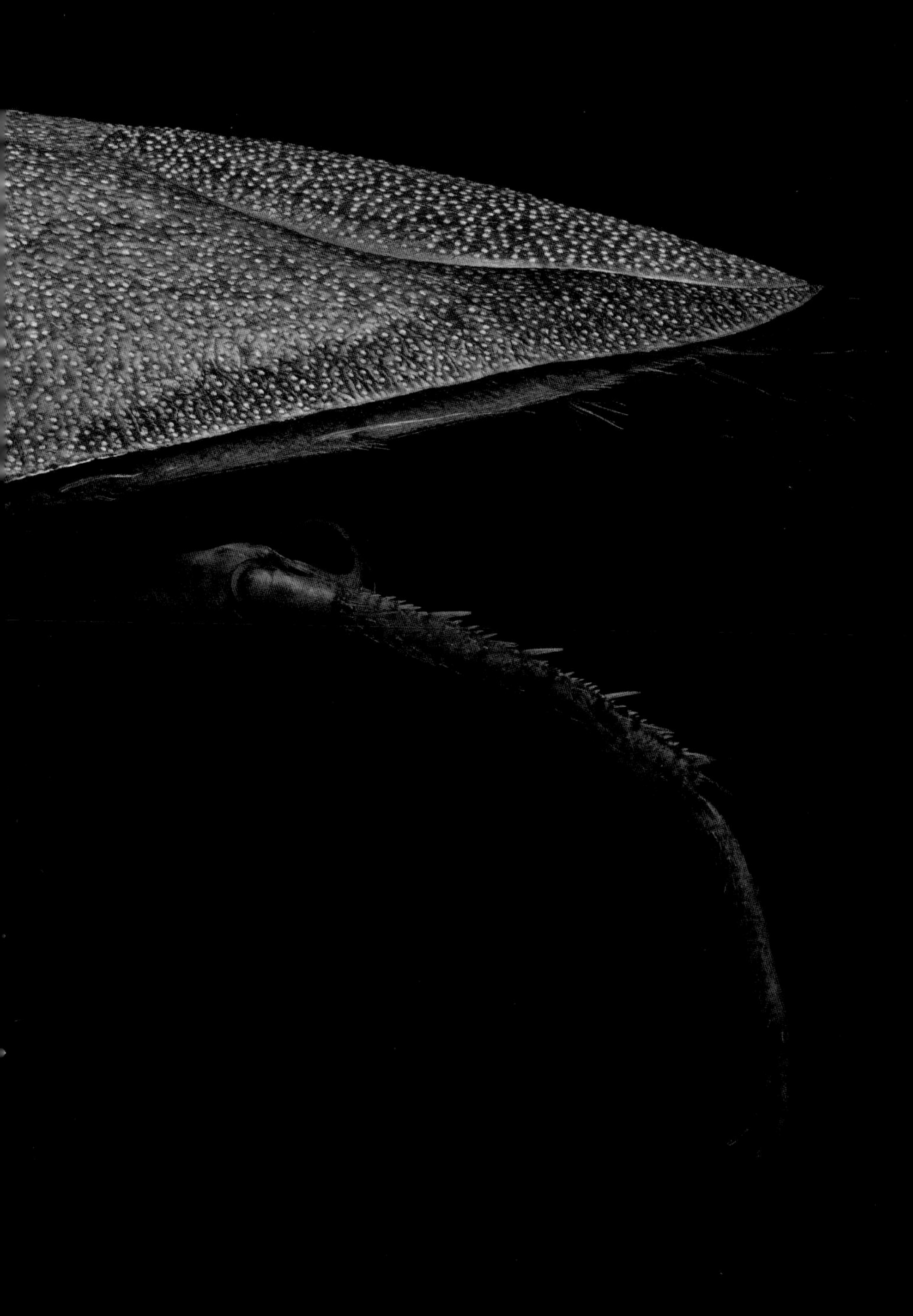

泉毛腹潜蝽

Ambrysus funebris

这种蝽类昆虫的头部腹面有一个尖尖的喙，能用来吸吮猎物的体液。胸部下方伸出的前足粗壮有力，可以抓捕昆虫、软体动物和其他水生动物。

潜蝽科（Naucoridae）的多数物种分布在非洲、亚洲和大洋洲的热带及亚热带地区，也有少数种类生活在温带地区的淡水中。泉毛腹潜蝽这种濒临灭绝的潜蝽只生活在从美国加利福尼亚州的死亡谷国家公园（Death Valley National Park）的温泉流出的溪流中。多年以来，人们从这些溪流中取水用于灌溉和日用，使这些昆虫面临生存的压力。如果溪流干涸，这些不会飞行的水生蝽类昆虫将极难再另寻栖息地。

君主斑蝶

Danaus plexippus

不少昆虫都有远距离迁飞的习性，君主斑蝶在北美洲的迁徙尤其令人叹为观止。君主斑蝶又被称为帝王蝶，春秋两季，它们要跋涉数千千米在栖息地和越冬地之间往返穿梭。西部种群在美国加利福尼亚州越冬，然后在回暖的时节返回内陆；东部种群则在墨西哥和加拿大之间迁徙。君主斑蝶需要经历多个世代才能完成这段旅程——它们在行进过程中繁育，然后新一代君主斑蝶继续前行。对于体重仅相当于一枚回形针的飞虫而言，即使只飞行整个旅程中的一小段，也是相当艰辛了。

2000年之前，每年在墨西哥中部越冬的君主斑蝶东部种群数以亿计，在美国加利福尼亚州越冬的西部种群也至少有400万。但在2000年之后，这两个种群的数量都急剧下降，每年的变化数量虽有波动，但减少的趋势非常明显。造成这种情况的原因是多方面的。君主斑蝶的幼虫只取食马利筋属（*Asclepias*）的植物，但人们在农耕时会将这些植物当作杂草犁平或用除草剂灭除；蝴蝶数量的减少与杀虫剂的使用也相关；而在其墨西哥栖息地周边的乱砍滥伐，以及加利福尼亚州越冬地附近的开发建设都对君主斑蝶的种群数量有不利影响。好在后来北美洲的人们意识到了事态的严重，他们加紧栽种马利筋属植物，加拿大、墨西哥和美国的政府机构也展开了保护君主斑蝶越冬地和繁殖地生境的工作。

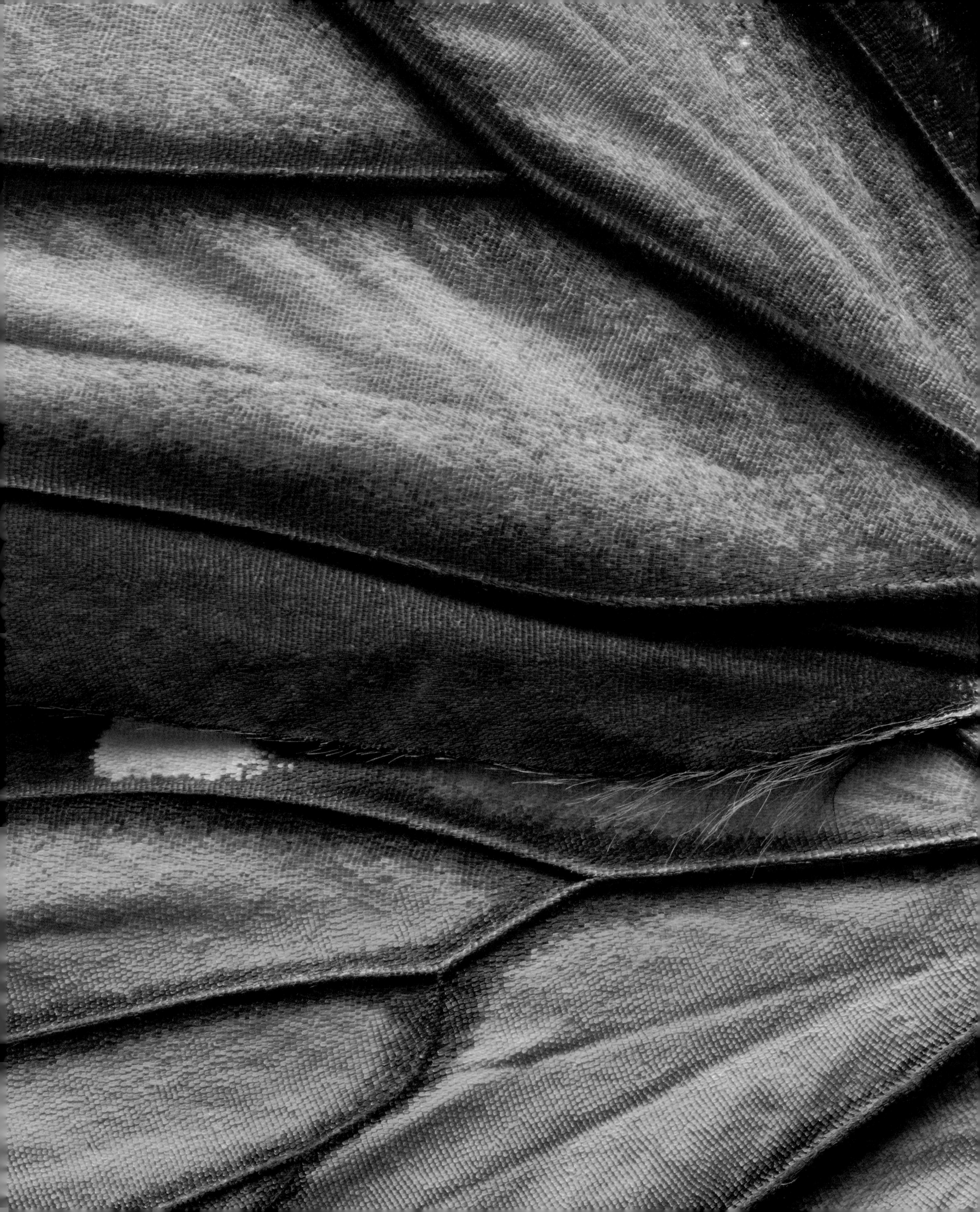

布氏管蚜蝇

Eristalis brousii

蜜蜂和蝴蝶是广为人知的传粉昆虫，但忙于在花间传粉的还有数以千计像本图中这样鲜为人知的蝇类，它们共同促进了植物的繁荣生长。双翅目昆虫中最重要的传粉昆虫可能就是食蚜蝇科（Syrphidae）的昆虫了，我们现在看到的就是其中一种。很多种食蚜蝇都会模仿蜜蜂和胡蜂——这是它们防御天敌的一种适应性改变。这个属（*Eristalis*，管蚜蝇属）的食蚜蝇中有的种类酷似蜜蜂，当遭遇危险时，它们甚至还能像蜜蜂那样发出“嗡嗡嗡”的警报声。

布氏管蚜蝇曾经在北美洲的北部非常常见，但如今已几乎消失殆尽：美国最后的布氏管蚜蝇记录来自于20世纪30年代的密歇根州。现在，我们仅能在加拿大东北部的哈得孙湾附近找到布氏管蚜蝇。人们认为也许是19世纪晚期从欧洲引入的一种入侵性蝇类导致了布氏管蚜蝇的消亡，气候的干热化可能也是让布氏管蚜蝇的分布范围向北收缩的原因之一。

二点天大蚕蛾

Syssphinx raspa

很多蚕蛾幼虫化蛹时会在植物枝头或茎秆上做个结实的蚕茧，而二点天大蚕蛾是在土中进行变态发育的。在地下，它们用丝线把土粒和腐殖质粘合在一起做成土室，然后在其中化蛹。

这种蛾类零星分布在美国亚利桑那州、得克萨斯州西部和墨西哥，正面临着包括气候变化等方面带来的生存挑战。它们所生存的地区通常炎热干旱，且降水量极少。但那里的7月到9月初却是暴雨期，就在这段“季风性”时期之后，幼虫们纷纷羽化成蛾。如果这种气候模式因持续干旱或其他原因发生急剧改变或失去规律，这些大蚕蛾，连同北美洲西南地区的其他蛾类和蝶类的生存都会受到严重威胁。

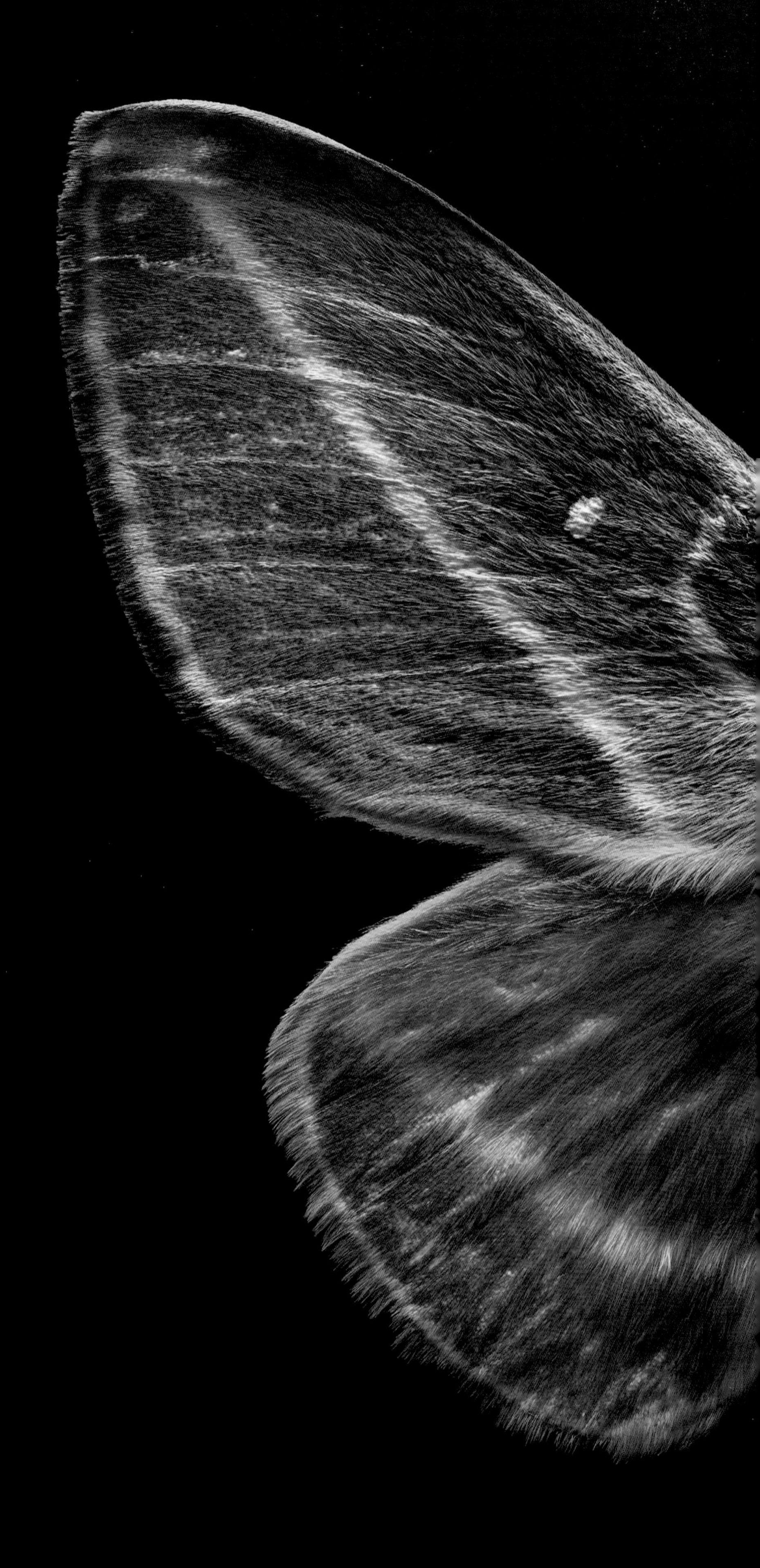

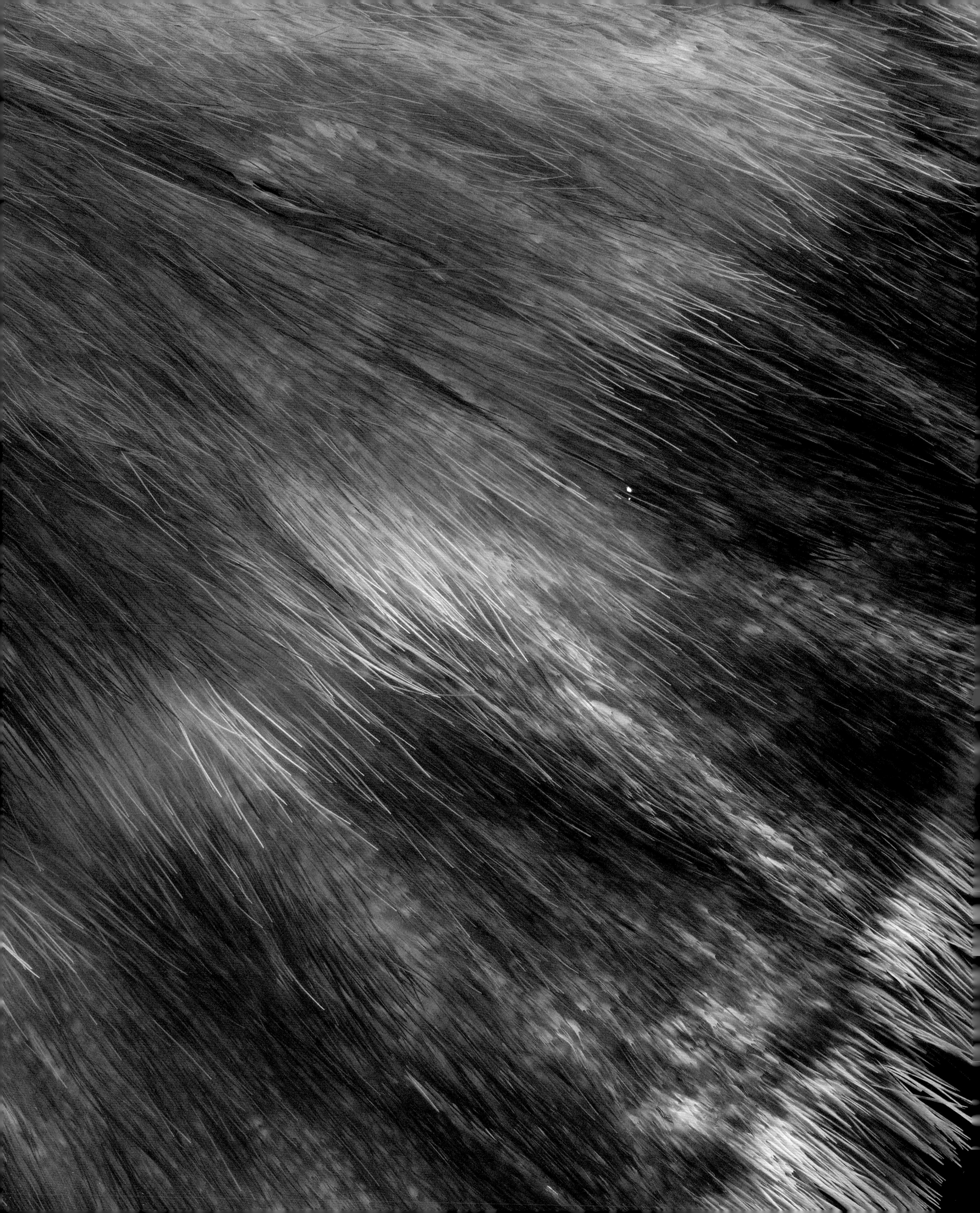

九星瓢虫

Coccinella novemnotata

九星瓢虫是美国纽约州的官方昆虫代表，它们曾经遍布美国和加拿大，帮助农民防控害虫。

但自20世纪80年代开始，包括九星瓢虫在内的多种瓢虫的数量不明原因地骤减。学者们归纳了一些可能导致这种情况发生的原因：或许是入侵性的瓢虫物种抢夺了本土瓢虫喜食的蚜虫，也可能是因为农药的使用。总之，不管怎样，这个物种在北美东部已经绝迹十多年了。

康奈尔大学的昆虫学家对此十分震惊，他们呼吁社区科学家一同帮忙寻找幸存的九星瓢虫个体。在获得一些样本后，科学家们将它们收集起来并在实验室内繁育。在饲育方法不断改进以后，他们在纽约和美国东北部的其他地区放归了大批九星瓢虫，同时面向家庭园艺出售九星瓢虫幼虫来实现自然防治。通过这些措施，科学家与瓢虫爱好者们都期盼着九星瓢虫能重归自然生态位。

加利福尼亚甜灰蝶

Glaucopsyche xerces

在北美洲14 000多种蝶类和蛾类中，很多都面临着生存威胁，有的物种甚至已经灭绝了。加利福尼亚甜灰蝶是北美洲已知的首例因人类活动而导致灭绝的蝴蝶，它们曾经在美国加利福尼亚州的旧金山地区拥有庞大的种群，该物种最后一次被人目击是在20世纪40年代。

旧金山的大部分地区曾经被沙丘覆盖，其上生长着低矮的灌木和花丛，昆虫随处可见。但随着城市的建设与发展，裸露的沙地越来越少。缺乏足够的羽扇豆属（*Lupinus*）以及其他沙丘植物，这种蝴蝶的幼虫就没办法生存了。

渐渐地，加利福尼亚甜灰蝶已成为人类对昆虫构成威胁的象征。1971年，以这种灭绝物种的名字命名的“薛西斯无脊椎动物保护协会”（Xerces Society for Invertebrate Conservation）成立。如今，该协会开展了一系列科学、倡议和推广项目，监测包括君主斑蝶和熊蜂在内的昆虫动态，迄今为止已经帮助保护了一万多平方千米地区上的传粉昆虫及其他昆虫。

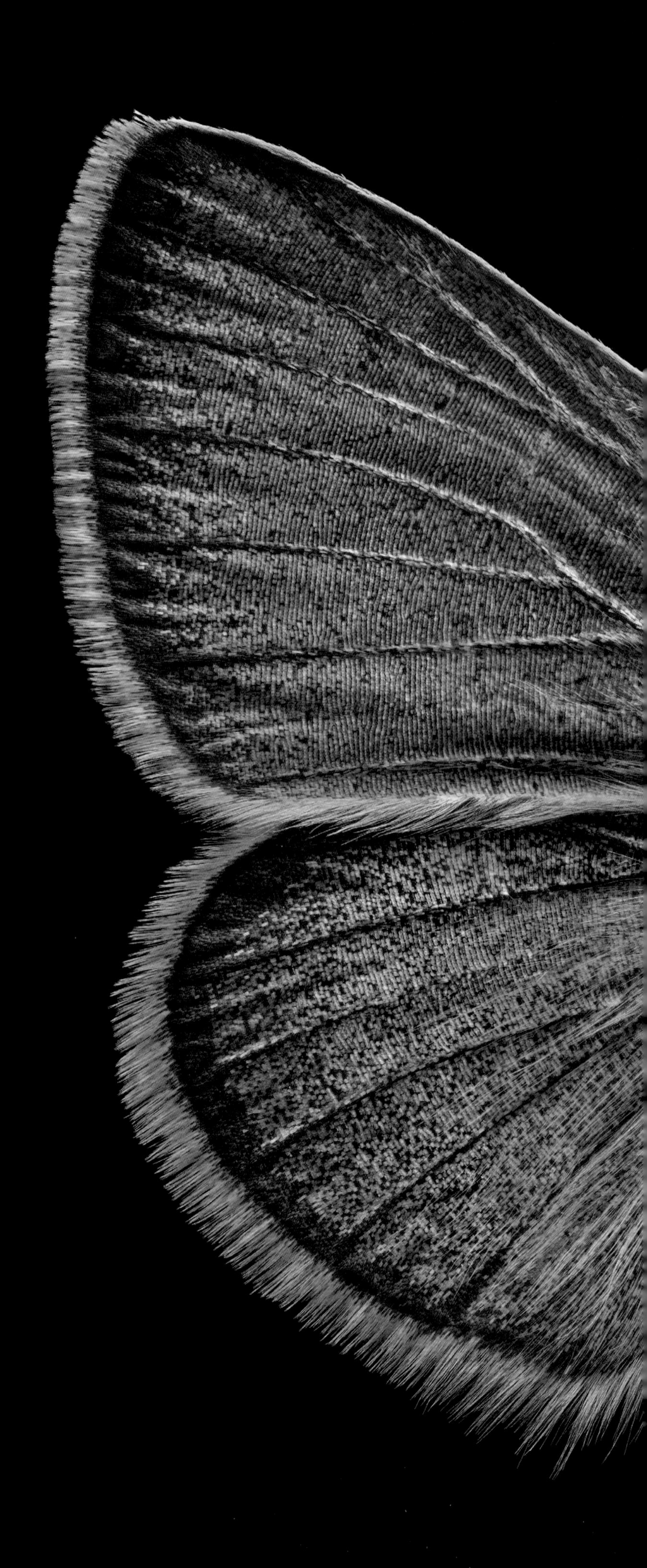

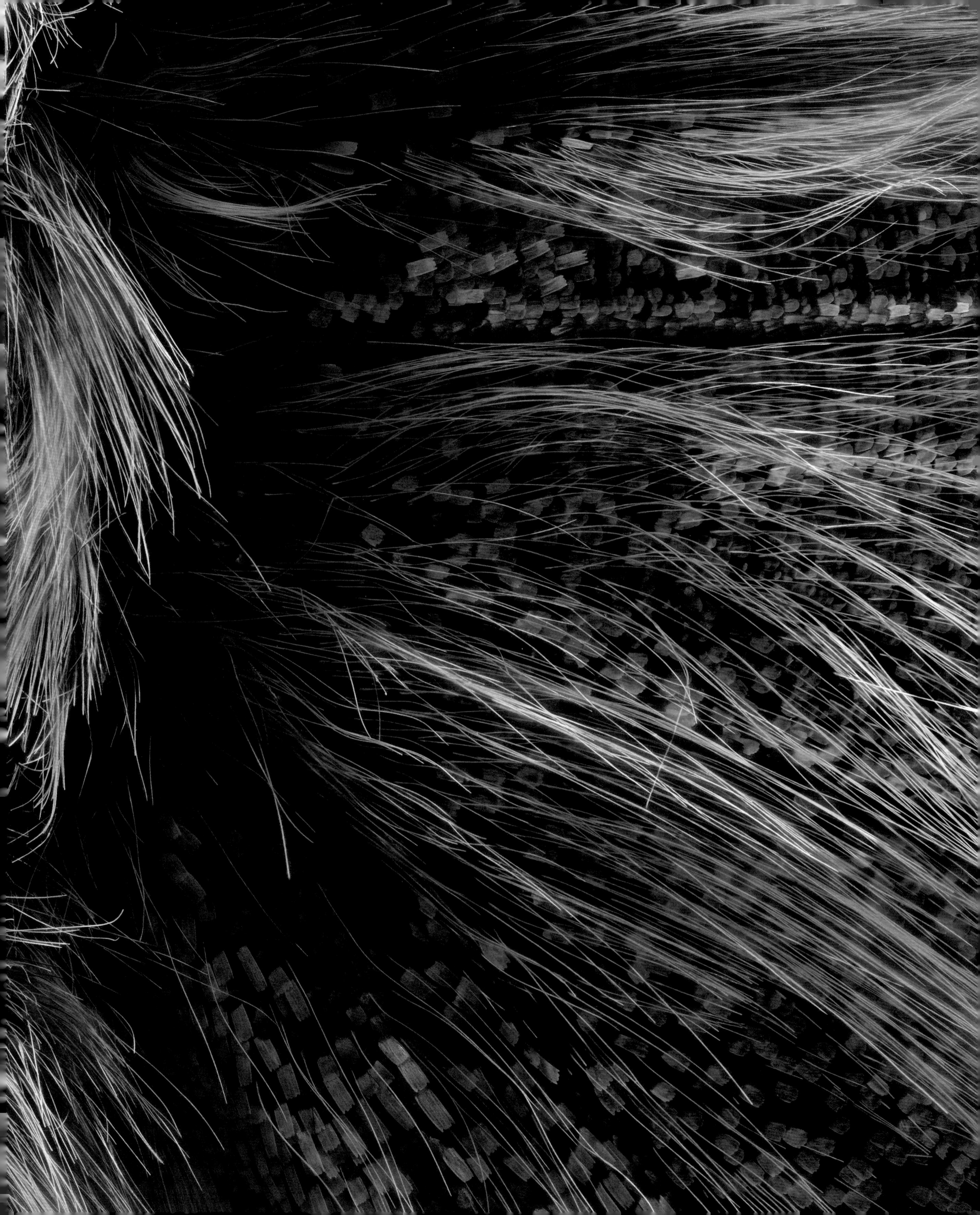

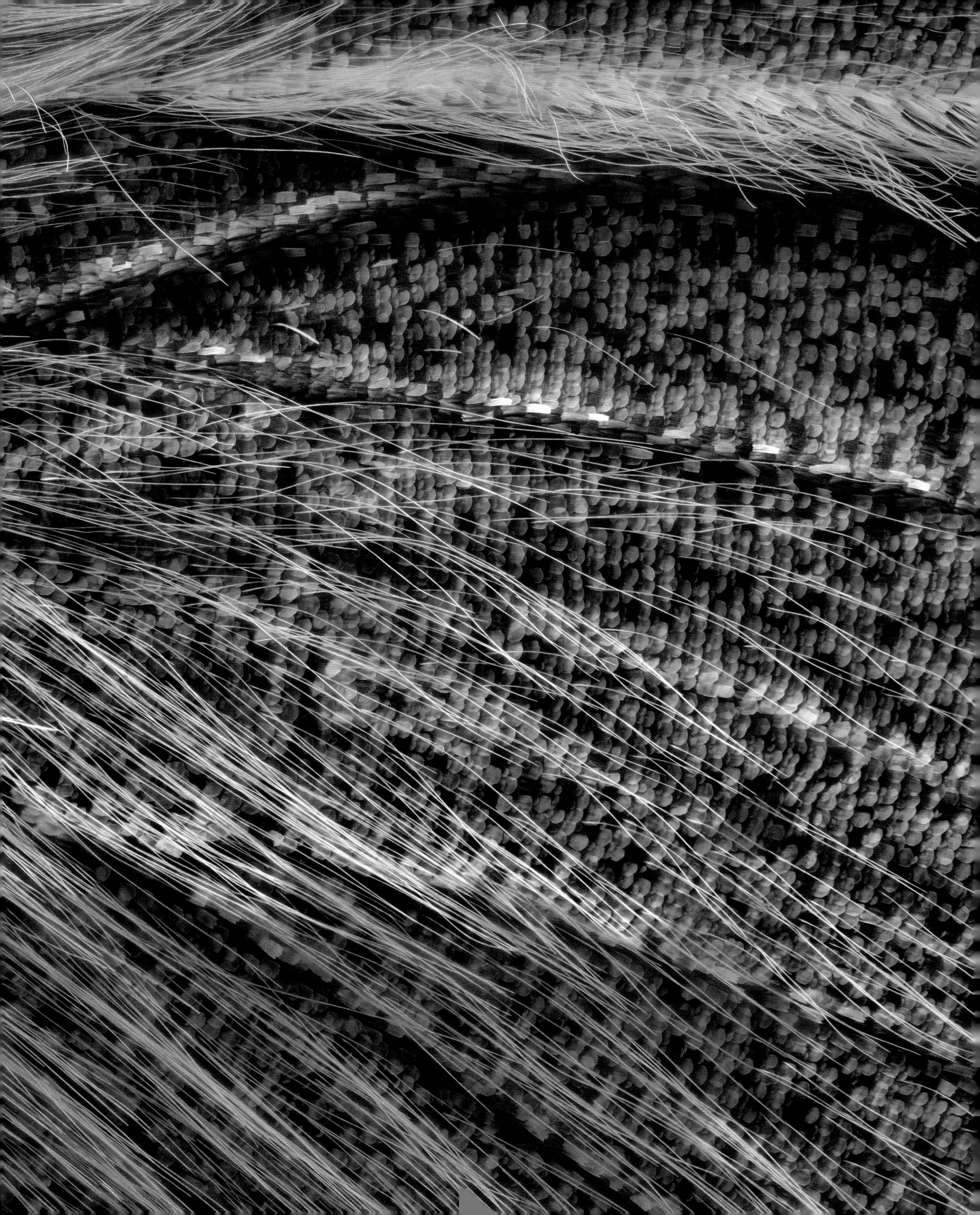

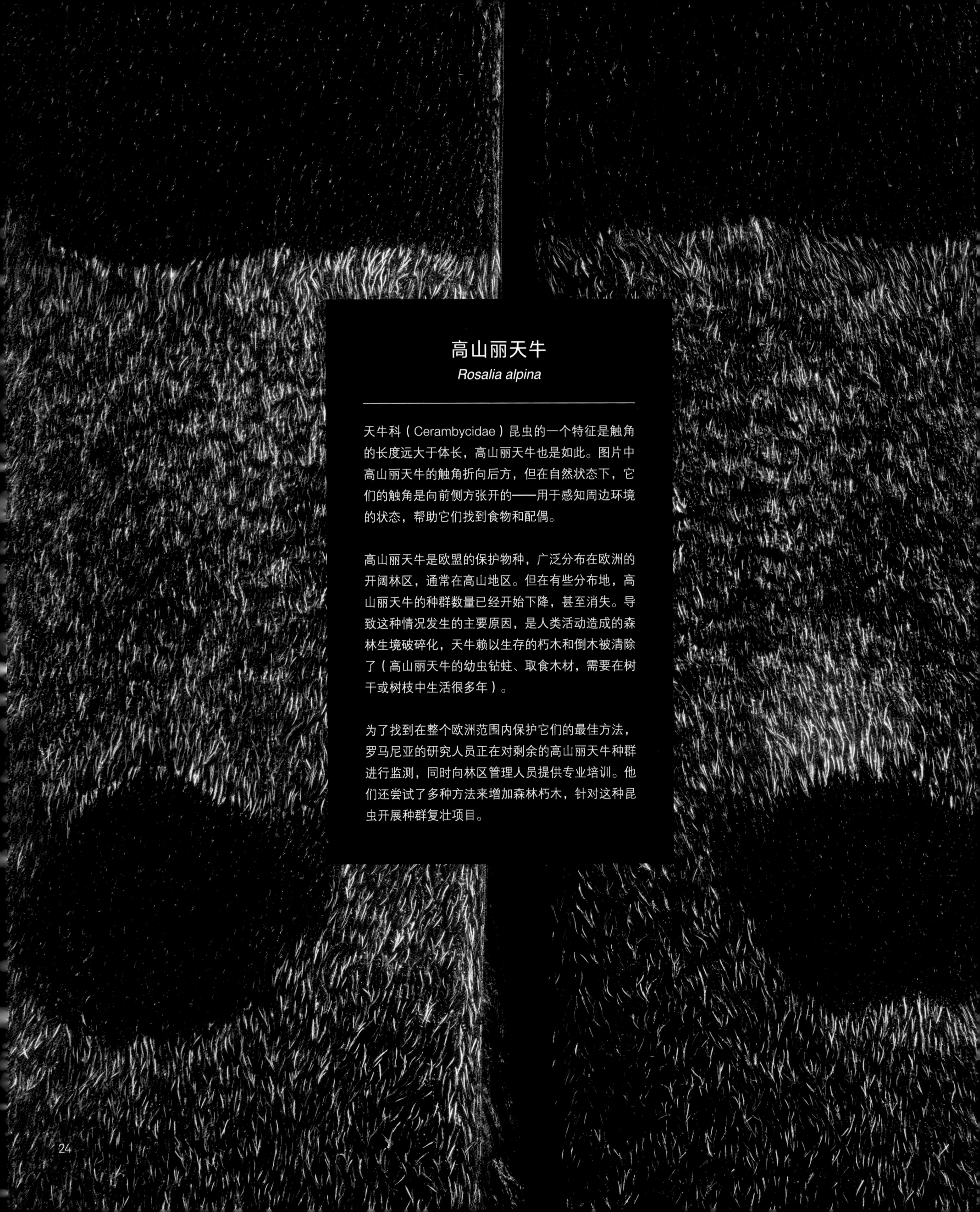

高山丽天牛

Rosalia alpina

天牛科（Cerambycidae）昆虫的一个特征是触角的长度远大于体长，高山丽天牛也是如此。图片中高山丽天牛的触角折向后方，但在自然状态下，它们的触角是向前侧方张开的——用于感知周边环境的状态，帮助它们找到食物和配偶。

高山丽天牛是欧盟的保护物种，广泛分布在欧洲的开阔林区，通常在高山地区。但在有些分布地，高山丽天牛的种群数量已经开始下降，甚至消失。导致这种情况发生的主要原因，是人类活动造成的森林生境破碎化，天牛赖以生存的朽木和倒木被清除了（高山丽天牛的幼虫钻蛀、取食木材，需要在树干或树枝中生活很多年）。

为了找到在整个欧洲范围内保护它们的最佳方法，罗马尼亚的研究人员正在对剩余的高山丽天牛种群进行监测，同时向林区管理人员提供专业培训。他们还尝试了多种方法来增加森林朽木，针对这种昆虫开展种群复壮项目。

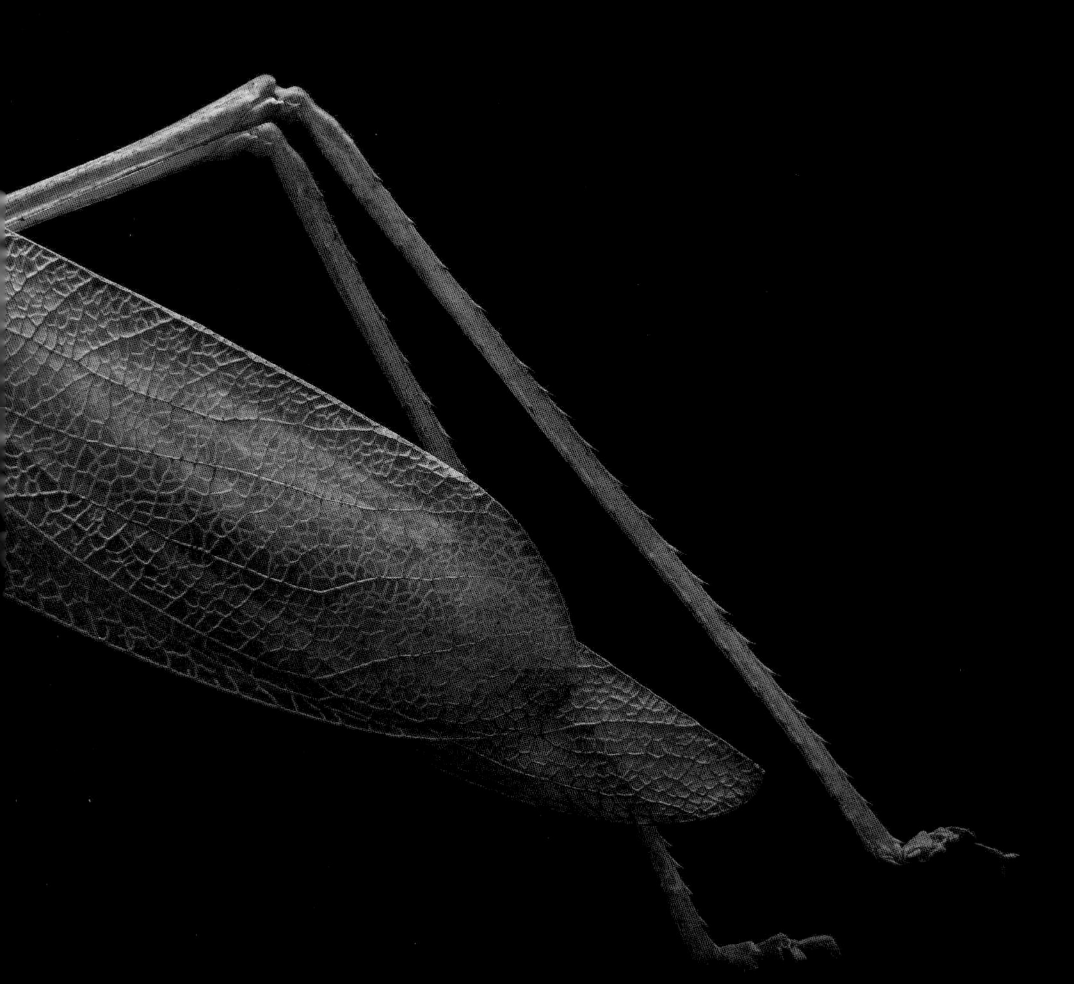

北部叉尾螽

Scudderia septentrionalis

进入7月以后，夜色下的北部叉尾螽通过它们的翅发出鸣声。为了吸引配偶，雄性北部叉尾螽（如图）会用前翅上特殊的音锉结构互相摩擦，发出响亮的声音。这些鲜绿色的昆虫与蟋蟀、蚂蚱和蝗虫是近亲。但白天它们会保持静默，隐匿在树林中——通常是栎树，躲避鸟类和其他天敌。

在美国东部和加拿大东南部地区，北部叉尾螽曾经被认为是罕见的种类。但后来昆虫学家发现，可以用灯光将它们从树梢中引诱出来，也因此找到了更多的种群。然而，光污染、栖息地的碎片化，以及在公共绿地和林地周边喷洒的农药，使得这种取食叶片的植食性昆虫极易遭遇濒危的风险。

短翅黑蝗

Melanoplus puer

在环保界，美国佛罗里达州独特的生态环境和野生物种资源比其旅游资源更具盛名。在佛罗里达半岛上，你一定能在沙地和灌木丛中找到这种稀奇的蝗虫。虽然很多蝗虫都擅长飞行，但短翅黑蝗由于翅膀短小而只能行走，或是用强壮的后足在沙土上的枯草丛间跳跃。

目前，佛罗里达州只有大约15%的灌木丛生境保存完好，所以对于短翅黑蝗及黑蝗属（*Melanoplus*）的其他近缘种来说，栖息地的丧失和碎片化分布是威胁其生存的最主要因素。不过，当地政府和相关机构也采取了一些措施来保护它们，其中一项是建立了国家级灌木林地和沙地保护区。该州还积极地在各个保护地之间建造野生动物走廊。一旦完成，将能把数万平方千米的保护区连接在一起，为包括昆虫在内的众多野生动物提供宝贵的缓冲区以及互相交流的捷径。

黄缘臀灯蛾

Pygarctia abdominalis

这种黄缘臀灯蛾生活在松林里，它的幼虫取食大戟科（Euphorbiaceae）和夹竹桃科（Apocynaceae）植物的汁液，这些植物的汁液对人有剧毒。黄缘臀灯蛾曾经在美国新泽西州的广袤松林中很常见，但自20世纪50年代之后就难觅其踪了。如今，这个物种重现于美国东南部，但其分布范围随着时间的推移越来越狭窄，且逐渐呈现碎片化。

造成这种情况的原因有很多：有一种昆虫致病菌——苏云金杆菌（简称Bt）——被广泛用于防控某些鳞翅目、双翅目和鞘翅目的害虫，但同时也对其他蛾类和蝶类有害；人工林取代原始林、房地产开发，以及消防管理措施变化都使得这些飞蛾面临进一步的生存威胁。

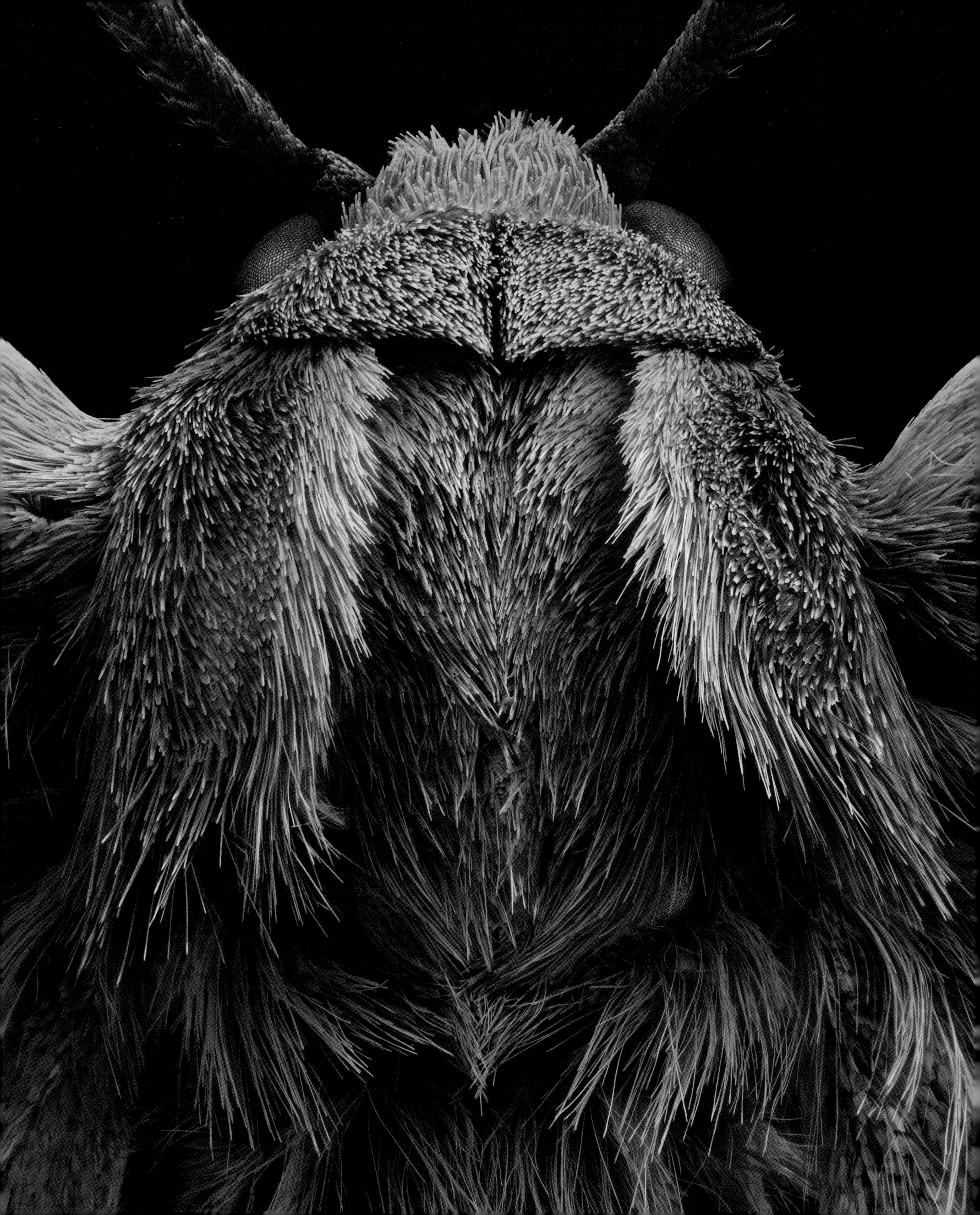

铜绿荆树金龟甲

Anoplognathus viridiaeneus

澳大利亚的夏天从12月开始，那里是很多昆虫的家园。当地人经常能在假日里的城市路灯下看到有着宝石一样闪亮光彩的铜绿荆树金龟甲，被称为“圣诞甲虫”的它们成群地“嗡嗡”飞舞着。但是，研究人员称这种城市美景如今越来越少见了，尽管据说它们在乡村仍广泛分布。

无脊椎类群的研究人员正在收集社区科学家的观察记录，以便更清楚地了解铜绿荆树金龟甲正在面临的处境，他们怀疑干旱及当地栖息地的丧失是主要原因。如同蛾类、蝶类、蜂类、蚁类和蝇类一样，甲虫也都是完全变态昆虫，其幼虫和成虫的形态完全不同。它们的食性在发育过程中也会发生改变：铜绿荆树金龟甲的幼虫以地下根系为食，而成虫则喜食桉树叶片。然而，大城市周边的地面硬化和树木砍伐断绝了它们的食物来源。

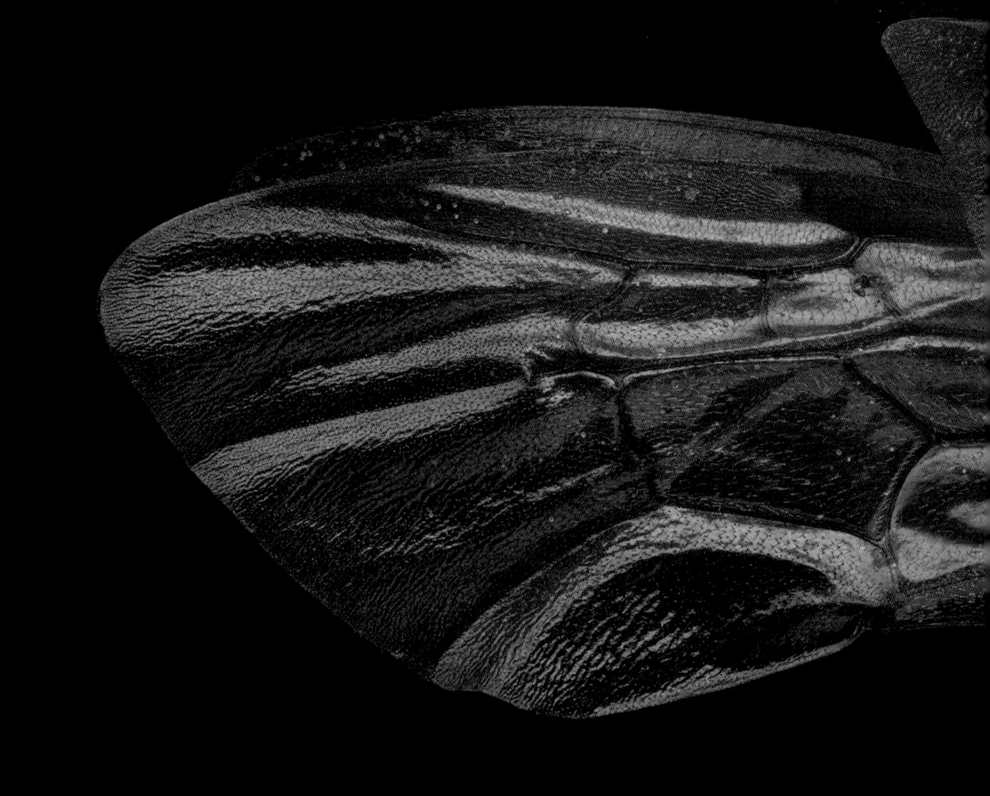

阿帕奇迪隧蜂
Dieunomia apacha

美国西南部是北美洲本地蜜蜂物种最丰富的地区。这里的沙质土壤很适合蜂类在地底筑巢——阿帕奇迪隧蜂就居住于此。有时候在草原也可以发现这类昆虫，它们也被叫作汗蜂，因为其中的有些种类特别容易被动物汗液吸引。

然而，在2000年之后，生物学家们记录到的阿帕奇迪隧蜂踪迹变得越来越少了。昆虫的数量会被很多因素影响而波动：对于这种罕见的蜜蜂而言，数量减少的主要原因是栖息地遭受破坏和碎片化分布。可供阿帕奇迪隧蜂筑巢的土地逐渐被大片农田和油气田所取代，越野车也会破坏它们的巢穴。

晚秀蝉

Magicicada septendecim

每隔13年或17年，在天气转暖的季节里，晚秀蝉的爆发都是大新闻。在美国北部大平原以东，数百万的晚秀蝉个体从地下涌出。晚秀蝉的幼虫在成熟之前一直生活在地底，取食树木根部的汁液，待到幼虫成熟，便用特化的前足破开土层，找到树干向上爬，随后脱掉厚重的壳，展翅变为成虫，接着觅食和交配。白天，你可以听到雄蝉此起彼伏的鸣叫，而雌蝉则发出“咔哒”声来回应雄蝉的呼唤。

晚秀蝉的大规模爆发式涌现可以从数量上压倒潜在的天敌，这是此类昆虫的一种极为有效的适应能力。但只有数量的优势并不能让晚秀蝉爱好者们感到心安，因为这些昆虫确实面临着生存压力，尤其是在森林栖息地被不断破坏，以及杀虫剂被广泛使用的情况下。土地的清理开垦和开发建设可能会消灭所有等待羽化和繁殖的晚秀蝉幼虫；喷洒在草坪、高尔夫球场和公园的杀虫剂能渗到地下，进而影响晚秀蝉幼虫的进食。目前，针对晚秀蝉数量和种群动态变化的研究工作比以往任何时候都更重要。

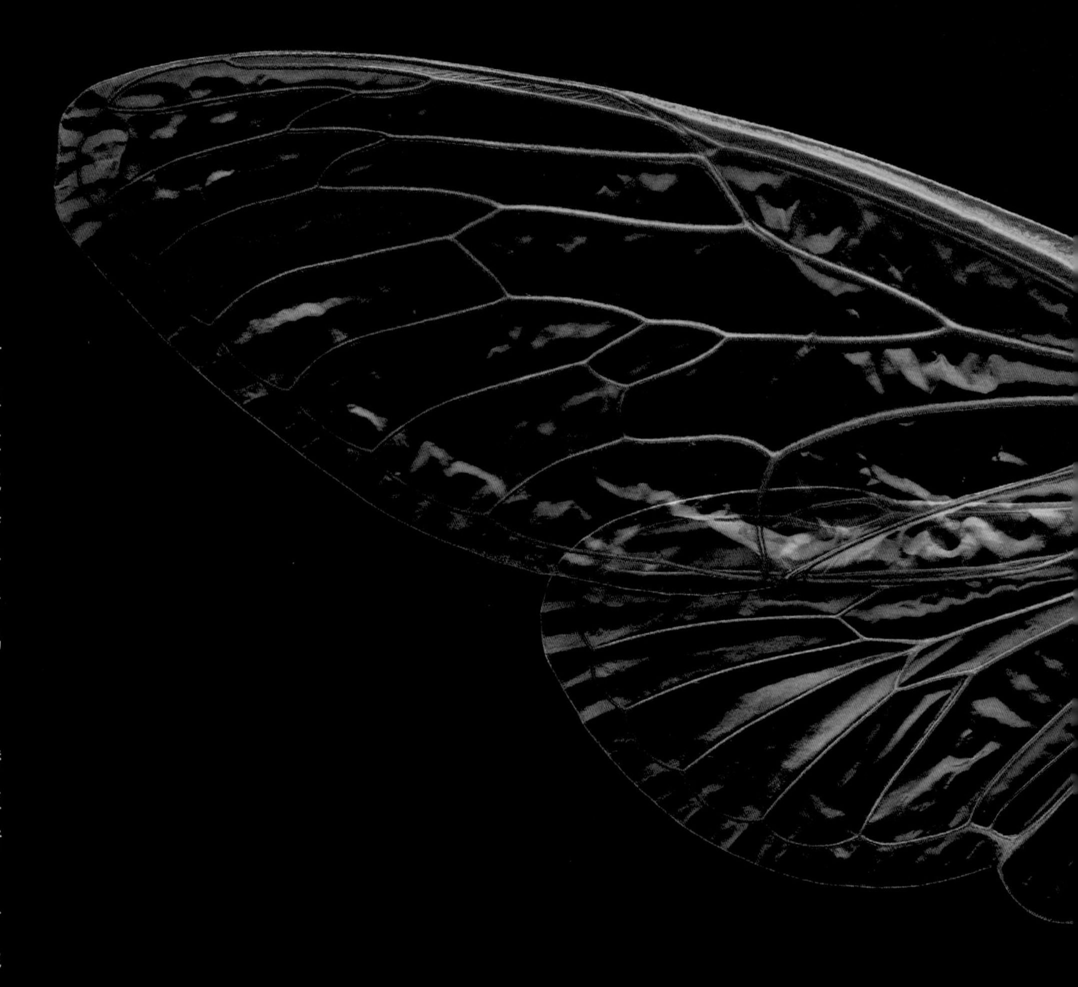

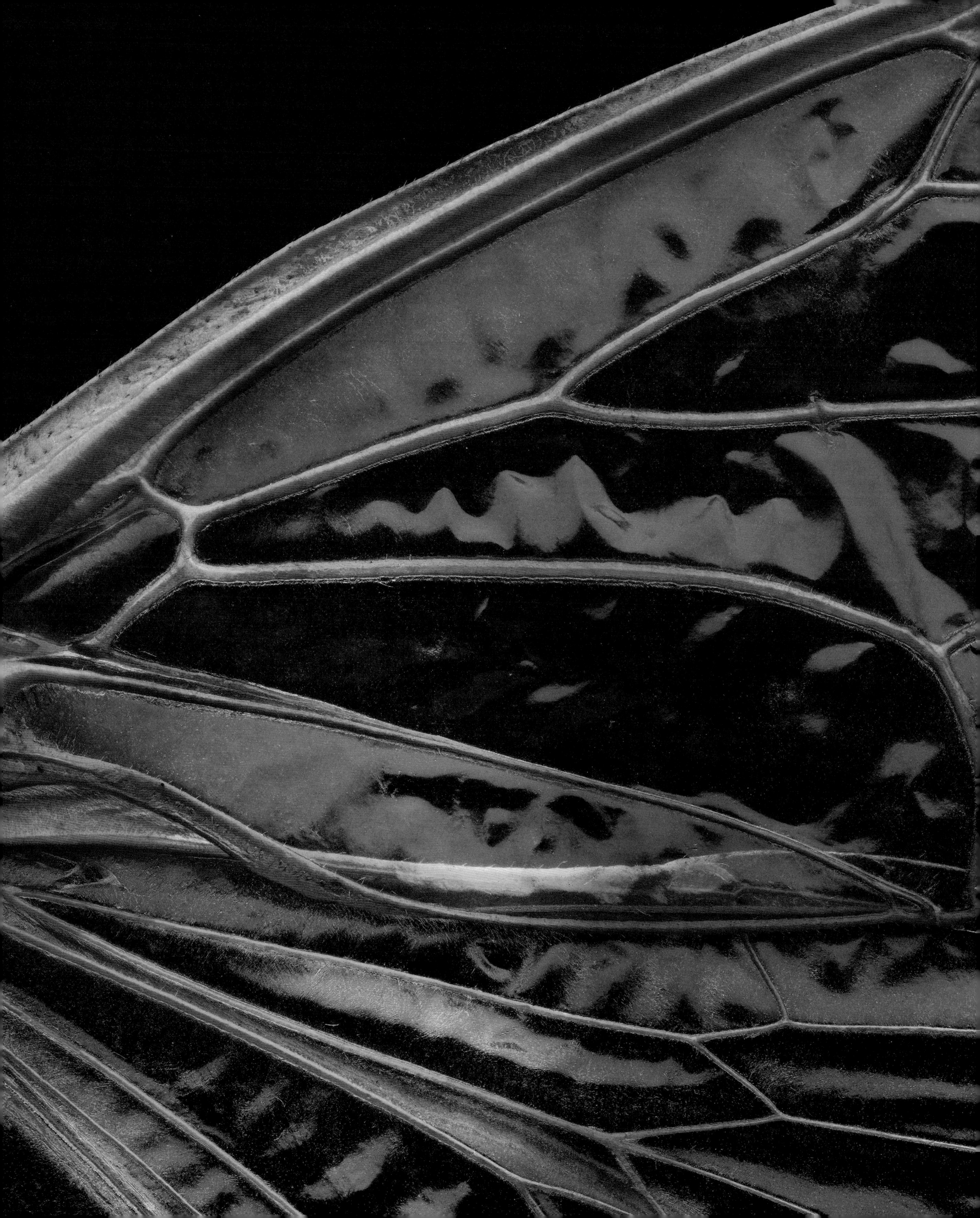

达氏熊蜂

Bombus dahlbomii

来认识一下世界上最大的熊蜂之一——达氏熊蜂，也被称为“飞天鼠”。它是南美洲南部唯一的本地熊蜂物种。

然而这种毛绒绒的姜黄色熊蜂正面临着一个大麻烦：自从当地农户引入了欧洲熊蜂为农作物授粉以后，达氏熊蜂的数量就急剧下降。这些被引入的欧洲熊蜂可能携带了病原体，也可能竞争性地抢夺了本土蜂类喜爱的花源。智利政府已经将达氏熊蜂列入濒危物种名单，但农业生产的市场规模很大，农户仍然不断引入欧洲熊蜂。环保人士正在争取更多保护达氏熊蜂的措施，不过可能为时已晚。

碎斑簇灯蛾

Lophocampa sobrina

这种毛茸茸的蛾子看上去好像很娇弱，但它其实有很强的自我防御能力。为了躲避鸟类和蝙蝠的捕食，碎斑簇灯蛾会用被称为“鼓膜”的听器发出高频的“咔哒”声以吓跑捕食者。一些碎斑簇灯蛾幼虫以含有某些化合物的植物为食，天敌捕食了这些体内具有化合物的幼虫后会感到不适或是中毒，而碎斑簇灯蛾的“咔哒”声就是在警告捕食者自己并不那么好吃。

碎斑簇灯蛾的数量极易减少，原因并不在于捕食者，而是由于有限栖息地的碎片化。碎斑簇灯蛾仅分布在美国加利福尼亚州的中部和北部沿海地区——这里是它们的大本营，其幼虫主要取食生长在蒙特雷的一种松树，偶尔也会吃一些其他植物。如果它们依赖的寄主植物被砍伐或者移除，碎斑簇灯蛾的种群数量必然下降。

接骨木青带天牛

Desmocerus palliatus

如果想见到这种黄蓝相间的甲虫，请前往位于美国东部或加拿大东南部湿润的森林边缘。在那里寻找一种灌丛接骨木，这种植物的浆果在夏末成熟。随后，你便有机会看到接骨木青带天牛。接骨木青带天牛是这种植物的专性取食者，这种植物也是它们的唯一寄主。接骨木青带天牛幼虫只取食接骨木的木质部分，而成虫则可以取食包括接骨木在内的植物花粉，并在寄主植物或附近的植物上交配。它们也通过取食寄主植物而摄入毒素，从而让自己具有毒性。

这些昆虫的命运与它们依存的植物群落息息相关，但就像其他许多昆虫与植物的关系一样，我们并不能确定它们的关联度到底如何。在美国东北部的部分地区，接骨木青带天牛的数量正逐渐减少，但主要分布地以外的其他种群数量情况我们并不了解。目前，各地的研究结果让人看到了一些希望。接骨木青带天牛曾在马萨诸塞州被列为濒危物种，但在最近的一次调查中，研究人员发现了大量的接骨木青带天牛，因此将其从濒危物种名单中移除了。

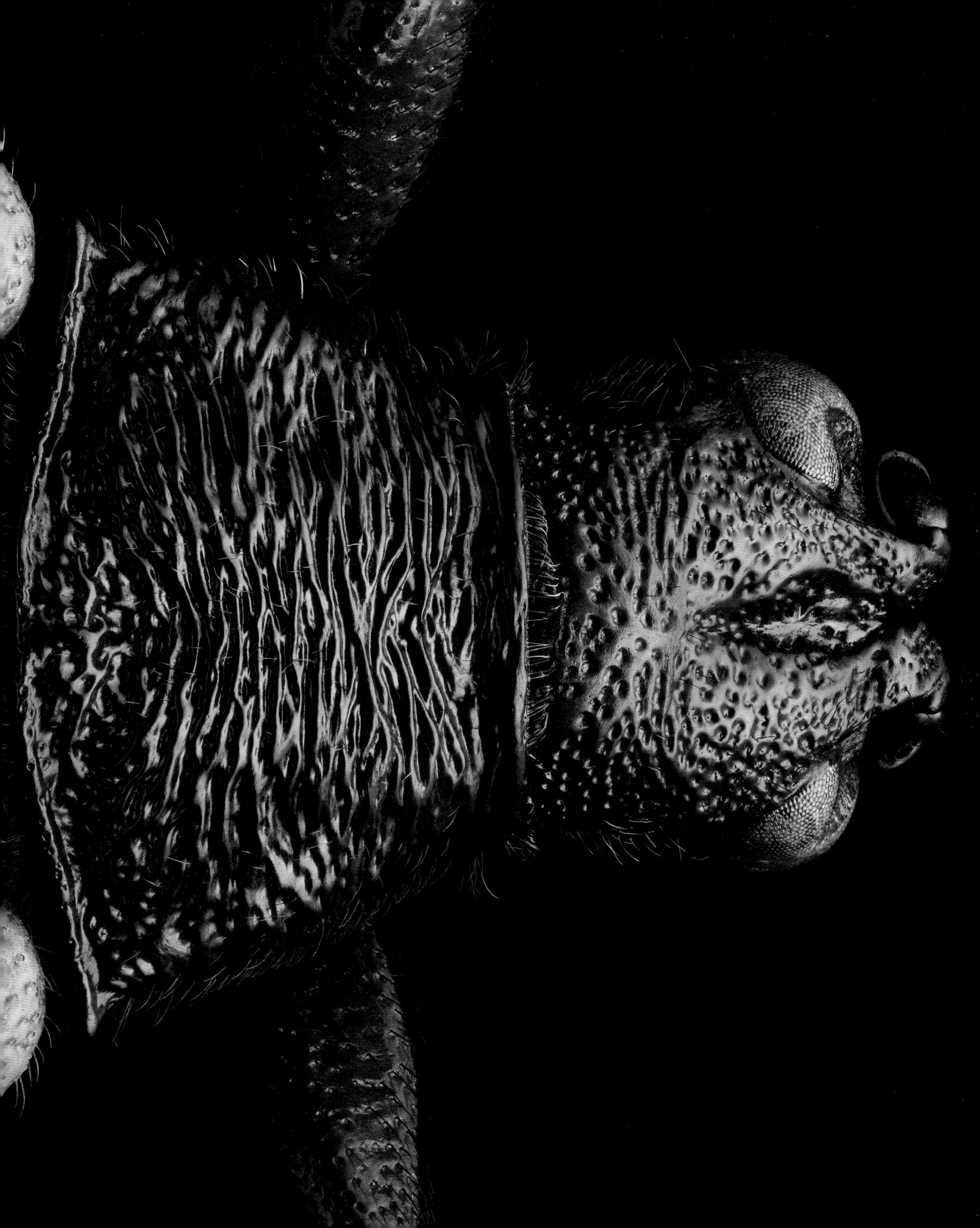

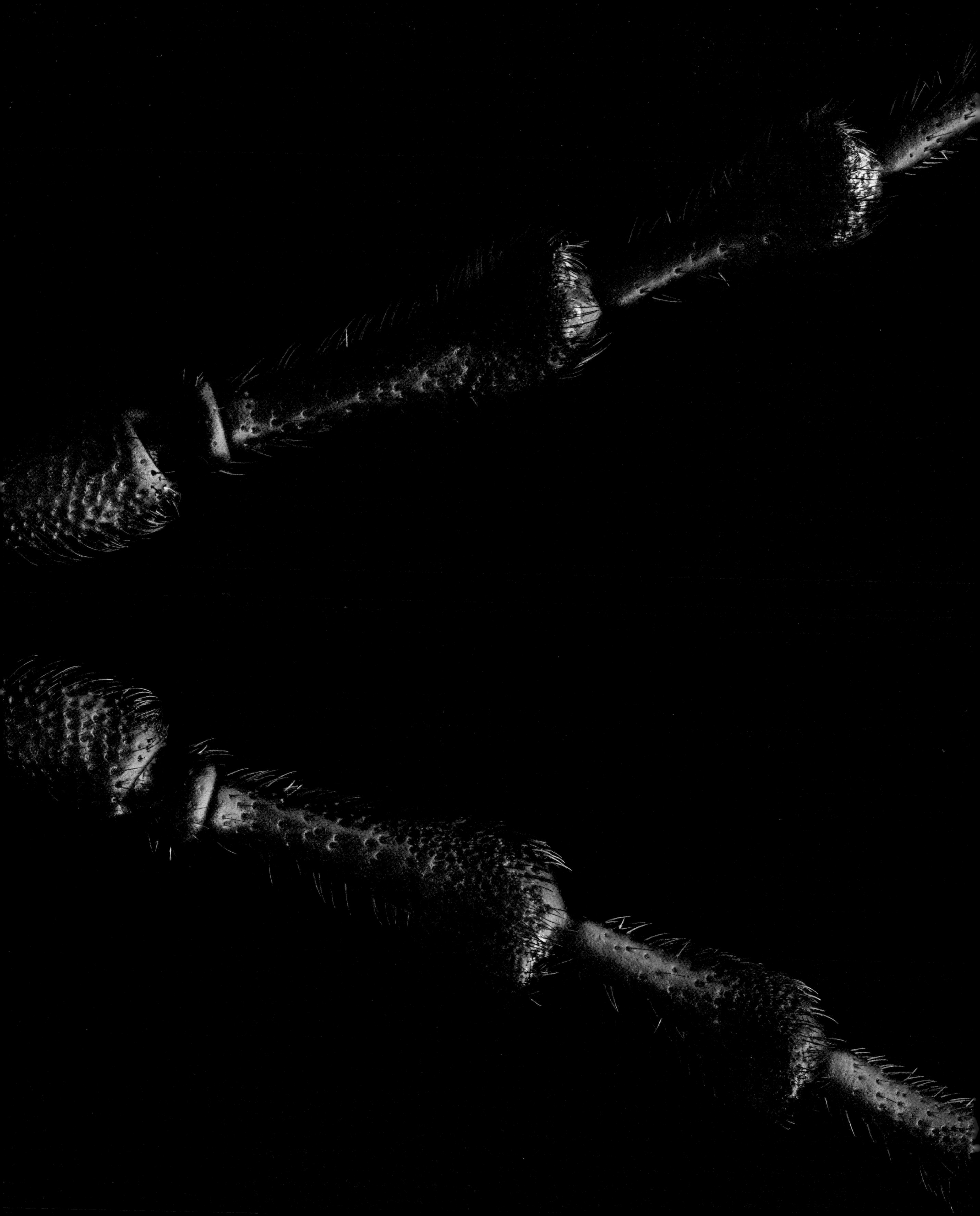

褐眼大蚕蛾

Automeris louisiana

漆黑的夜色下，在密西西比三角洲至得克萨斯海湾东部一带，褐眼大蚕蛾从海滨沼泽中振翅起飞，寻找配偶或产卵地。这种大蚕蛾会突然亮出后翅上的眼斑，以吓退鸟类或其他捕食者。褐眼大蚕蛾成虫的寿命很短，只有数日光阴。它们在绿色的幼虫时取食米草和其他植物，积累了很多脂肪，羽化成蛾后就不再进食，成虫就依靠幼虫时期摄入的能量生存。

如今，褐眼大蚕蛾面临着多方面的生存威胁。海滨沼泽正逐渐消失，大蚕蛾幼虫喜食的米草也不复存在。造成这种生态系统消失的原因有很多，如海岸侵蚀、地表下陷以及人为导致的气候变化等。人为因素导致的气候变化会加剧洪灾、飓风灾害和海平面上升。石油泄漏和水稻种植也会破坏草本沼泽生态系统，而针对蚊子和其他害虫的杀虫剂也可能影响褐眼大蚕蛾的种群数量。

白斑拟蜂灯蛾

Pseudocharis minima

如果你在美国佛罗里达州南部和加勒比海的部分地区见到图中这种昆虫，可能会把它们误认成是蜇人的胡蜂。但这其实是一种日行性飞蛾，它的外形、飞行姿态和行动模式都很像胡蜂，这是一种有效抵御天敌的策略。其鲜艳的体色也标示着它们具有毒性。

然而，任何视觉警示都无法让白斑拟蜂灯蛾免受人类活动的威胁。用于杀灭蚊虫和作物害虫的农药在它们生活的周边全方位、无死角地施撒，即使人们已经尽量克制地使用农药，但仍然会伤害白斑拟蜂灯蛾以及其他昆虫。另外，白斑拟蜂灯蛾需要把卵产在寄主植物上，幼虫又会以寄主植物为食，但外来入侵植物会挤占它们喜食的寄主植物的生长空间。

白斑拟蜂灯蛾生活在位于佛罗里达州大沼泽地国家公园的一些砾石生境中。保护区本应是保护脆弱物种的理想栖息地，可是该国家公园附近农场使用的化肥和农药，会通过地表径流和喷雾漂移向外蔓延，有时就会危及保护区内的野生动物。

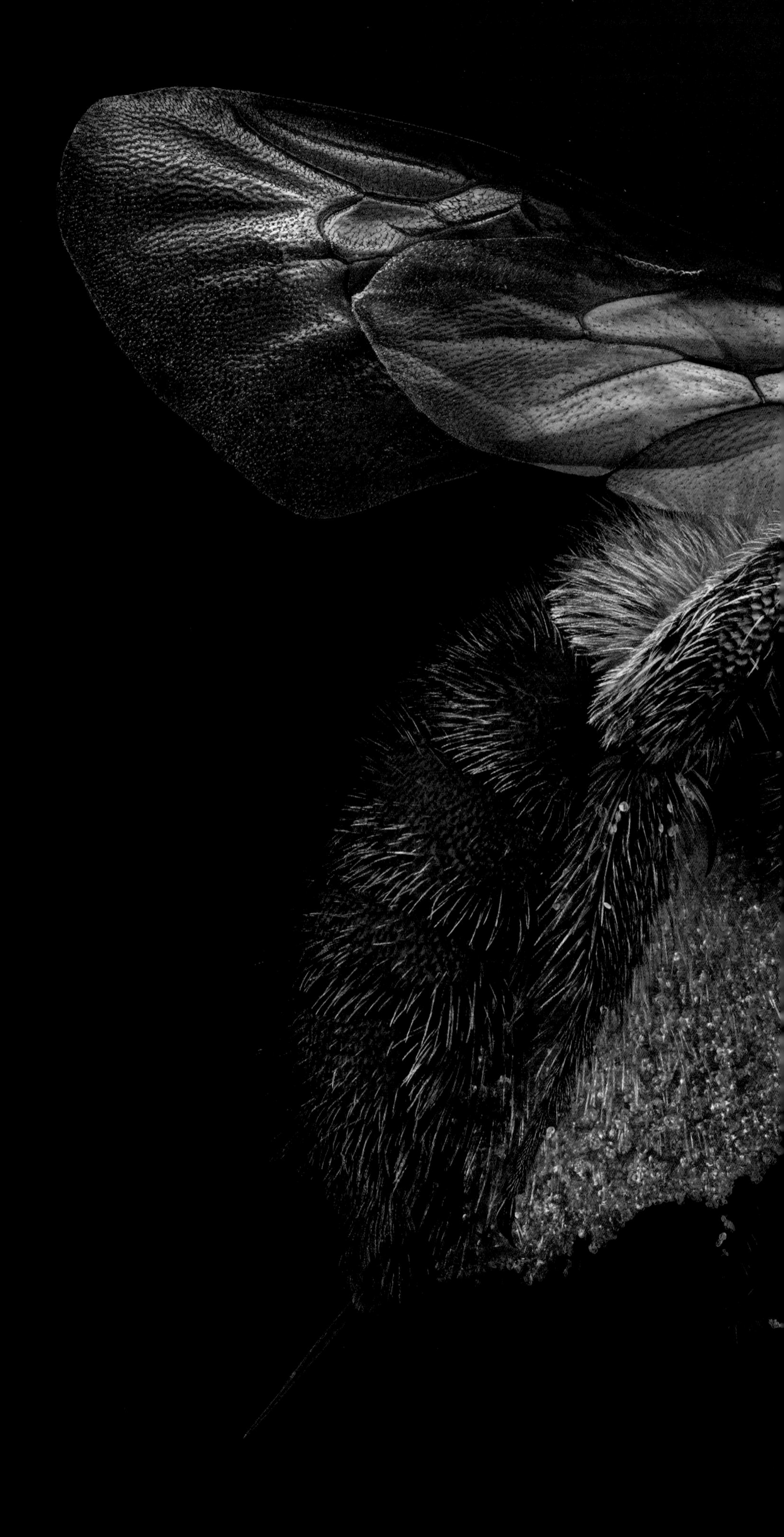

风轮菜壁蜂

Osmia calaminthae

请注意这只风轮菜壁蜂腹部下方的黄色部分——那是花粉，雌蜂通过这种方式将花粉带回巢穴。可以肯定的是，这种花粉来自两种薄荷植物中的一种，它们是风轮菜壁蜂赖以生存的两种唇形科（Lamiaceae）植物，生长在佛罗里达州的低矮灌丛中，而这些灌丛的面积正在逐渐缩减和退化。

能作为寄主的薄荷植物种类和数量很少，这就给风轮菜壁蜂带来了很大的生存压力。2015年，环保主义者向美国鱼类及野生动植物管理局提出申请，希望可以将风轮菜壁蜂加入濒危物种名单，以制定相关保护措施，但目前还未得到批复。由于昆虫的数量每年都有波动，很难得出确切结论，研究人员估计，这种稀有的风轮菜壁蜂数量可能已经下降了90%。

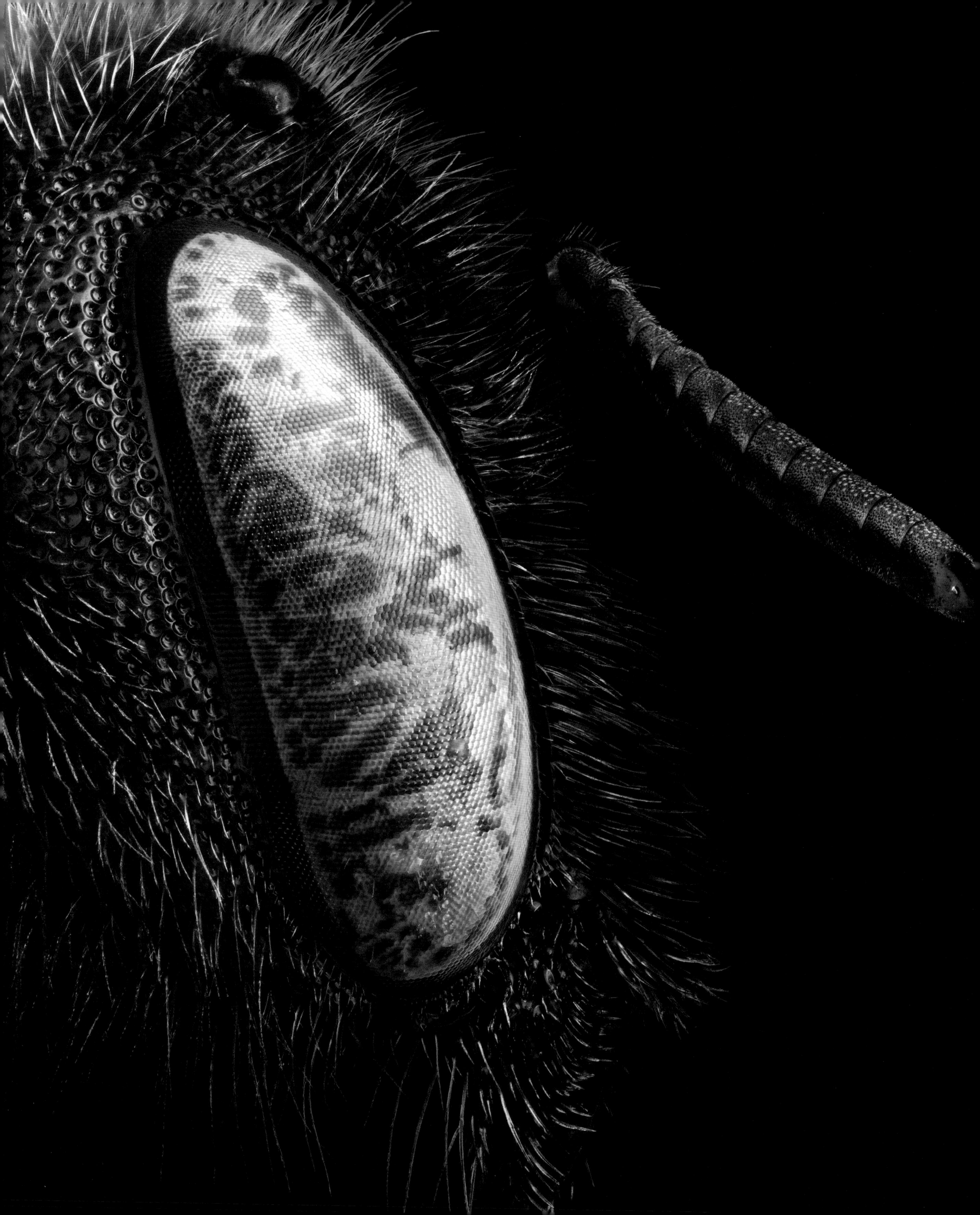

约翰通缘步甲

Pterostichus johnsoni

在美国华盛顿州以及俄勒冈州西部，沿着长满苔藓、树影斑驳的林间小溪，可以发现这种捕食性甲虫，它们在石块间捕食其他昆虫和小型动物。

在约翰通缘步甲生活的森林中进行伐木活动会破坏水系，并且威胁河流中及其沿岸的生命。目前还没有针对这种敏感小动物的直接保护行动。有时针对一个物种的保护能够同时保护同一生境中的其他物种。

眼下的情况是，约翰通缘步甲生境附近的水域生活着大麻哈鱼，而这种鱼受到政府法规的保护。在华盛顿州，负责生态环保的政府官员要求树木采伐作业应在溪边留出宽阔的林木缓冲带，可以使约翰通缘步甲的溪边居所免遭伐木的影响。

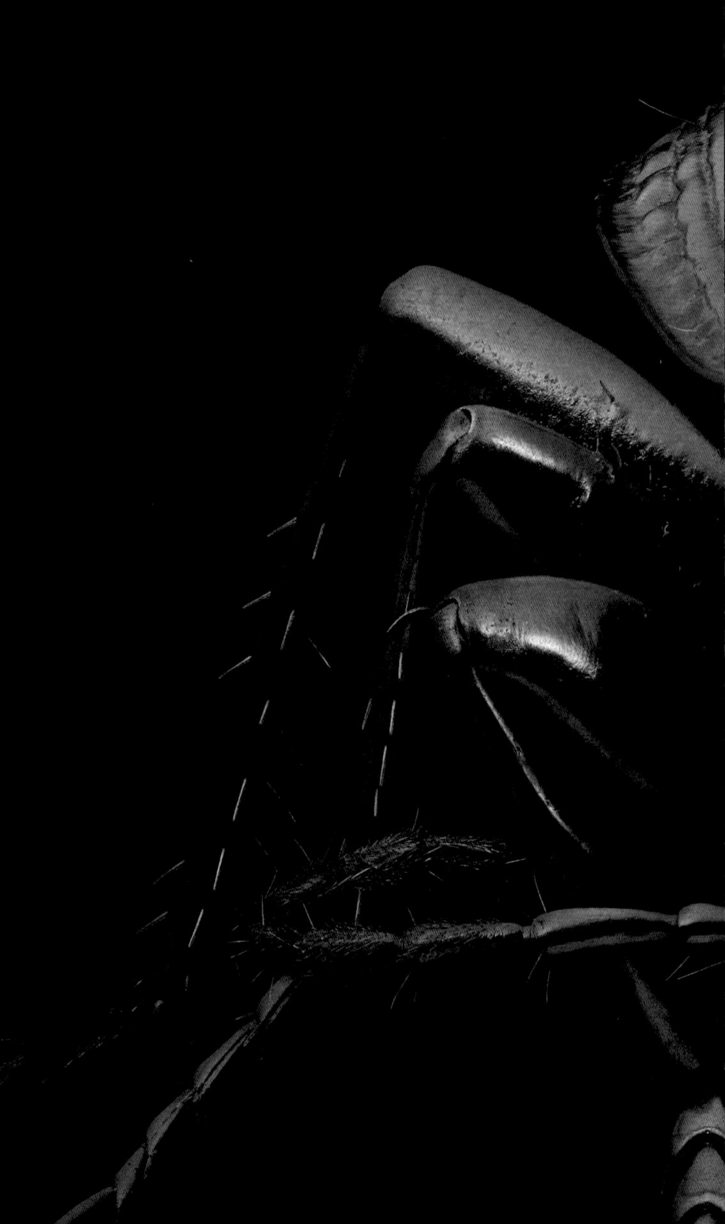

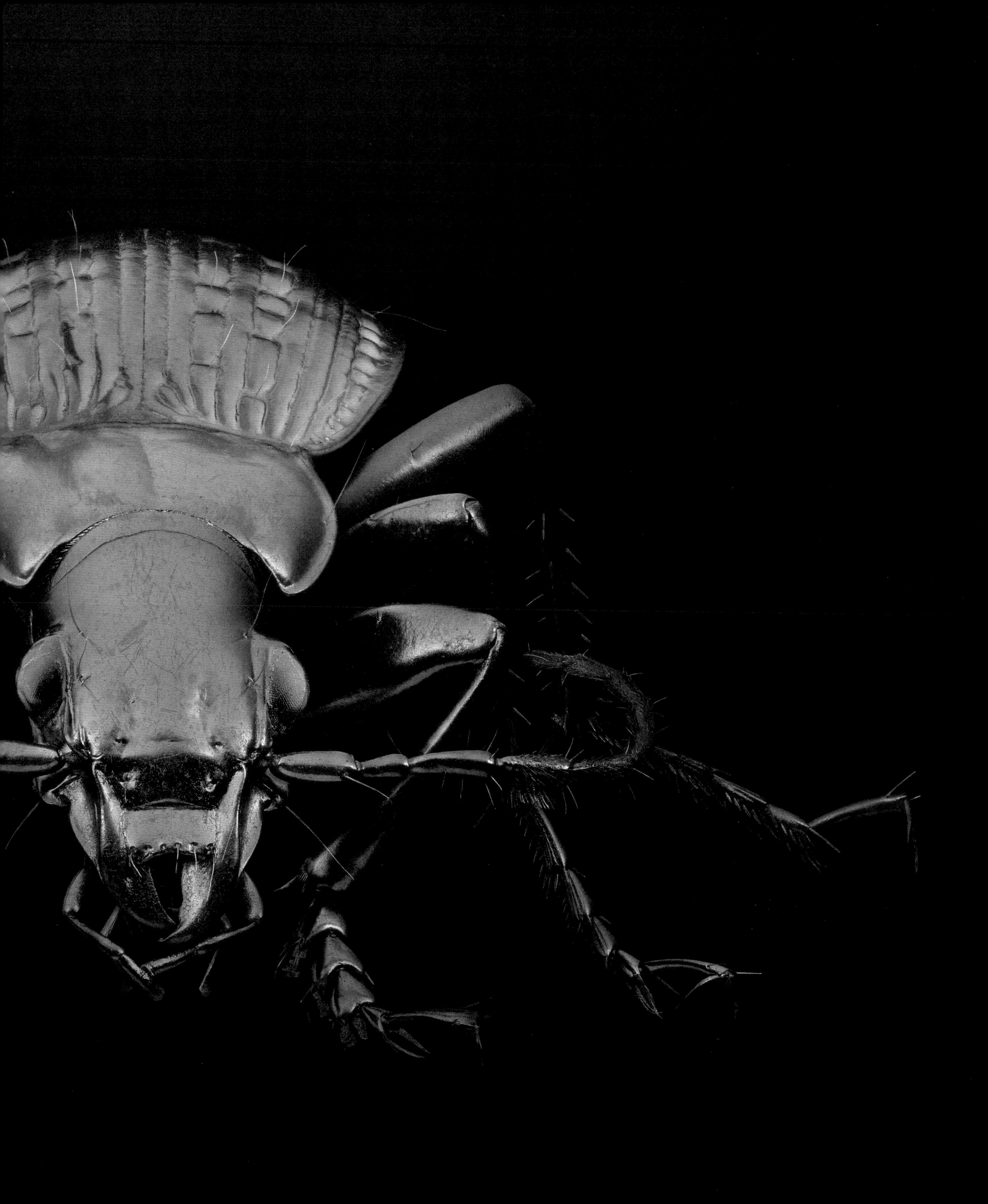

棒角宽背盲蝽

Pronotocrepis clavicornis

虽然大多数人把所有昆虫都称为“虫子（bugs）”，但在昆虫学家眼里，蝽类昆虫才是“真正的虫子”。昆虫学家认为，真正的虫子应该使用刺针状的喙管口器从食物（昆虫、脊椎动物或植物）中吸取汁液。许多像图片中这样微小而纤弱的盲蝽组成了蝽类昆虫的最大类群——盲蝽科（Miridae）。

在美国西部和加拿大，这种触角较粗的棒角宽背盲蝽仅以野生红醋栗灌木为食。研究人员发现，包括此种在内的大部分盲蝽都仅以一种或两种寄主植物为食。因此，气候变化是这类单食性类群生存的主要威胁。如果温度上升或降水模式改变导致这些昆虫喜食的植物向更北的地区转移，或者寄主植物因其他原因减少了，那么这些昆虫也会随之减少。种群规模较小也是造成这些物种容易濒危的原因之一。

黄边胡蜂

Vespa crabro

胡蜂的体型一般比较大，一旦被它的尾针蜇刺则会极为痛苦，这常常让人们恐惧不安。不过，包括黄边胡蜂在内的大多数社会性胡蜂都不会主动攻击人，除非它们的巢穴受到威胁。黄边胡蜂是欧洲和亚洲的本地种，在北美洲东部地区也有分布，它们常将像用纸糊成的巢穴搭建在树梢或楼房的高处。

黄边胡蜂在德国属于保护物种，它和其他种类的胡蜂都面临着多种生存威胁。近几十年来，外来入侵的胡蜂不断捕食当地的蜜蜂，有时甚至妨碍了欧洲的农民为作物授粉。如今，研究人员正在研究入侵胡蜂是否也会干扰黄边胡蜂觅食。气候变化可能也在影响黄边胡蜂：英格兰和苏格兰的一项调查发现，在过去的50多年里，黄边胡蜂的分布地在向北迁移，这可能是对气候变暖的一种反应。

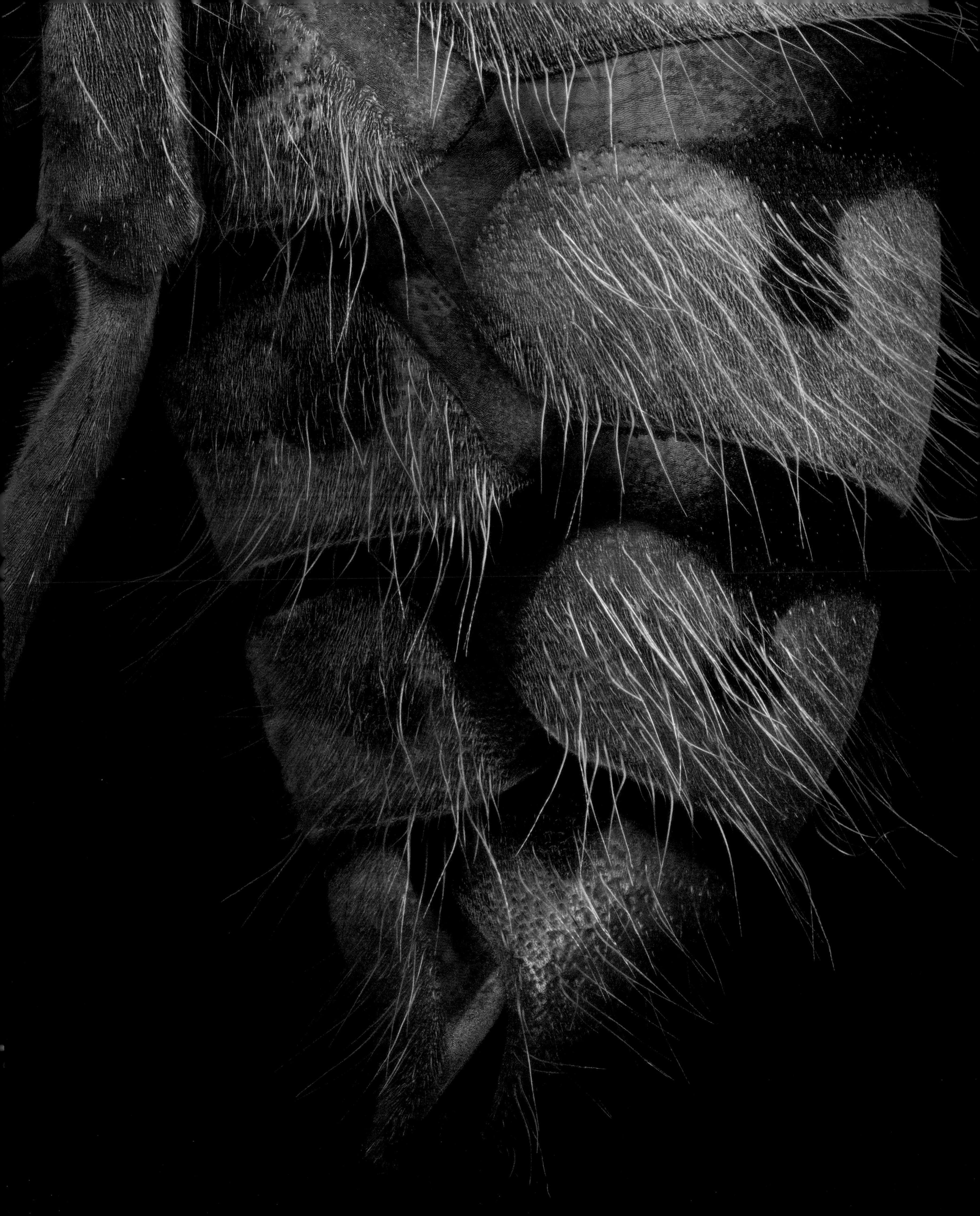

黄缘椭翅虎甲

Ellipsoptera puritana

黄缘椭翅虎甲体型很小，但它们有长长的足和发达的颚，是敏捷而令人生畏的猎手，人们常常能在切萨皮克湾和康涅狄格河沿岸发现它们捕捉昆虫和小型甲壳类动物。

如今，这些捕食性昆虫的数量急剧下降，仅剩下若干个种群。由于它们的栖息地有一些在热门的沙滩景区，因此构筑的地面巢穴非常容易被游客践踏或被车辆碾压。在康涅狄格河，拦起的大坝以及修整过的河岸完全改变了黄缘椭翅虎甲栖息的原始环境。气候变化导致的极端天气使得洪灾比以往更加频发和严重。

一个由学生、志愿者以及联邦与地方生态专家组成的多元团队一直在研究如何帮助这个物种存续。在马萨诸塞大学阿默斯特分校，研究人员掌握了在实验室中饲育黄缘椭翅虎甲幼虫的方法，为建立新的种群做准备。将小型动物放归野外是极具挑战性的。近几年来，这个团队在康涅狄格河的几个地点放归了人工饲养的黄缘椭翅虎甲幼虫，并在2021年夏天重回释放点调查，结果发现了比以往任何年份都多的黄缘椭翅虎甲。

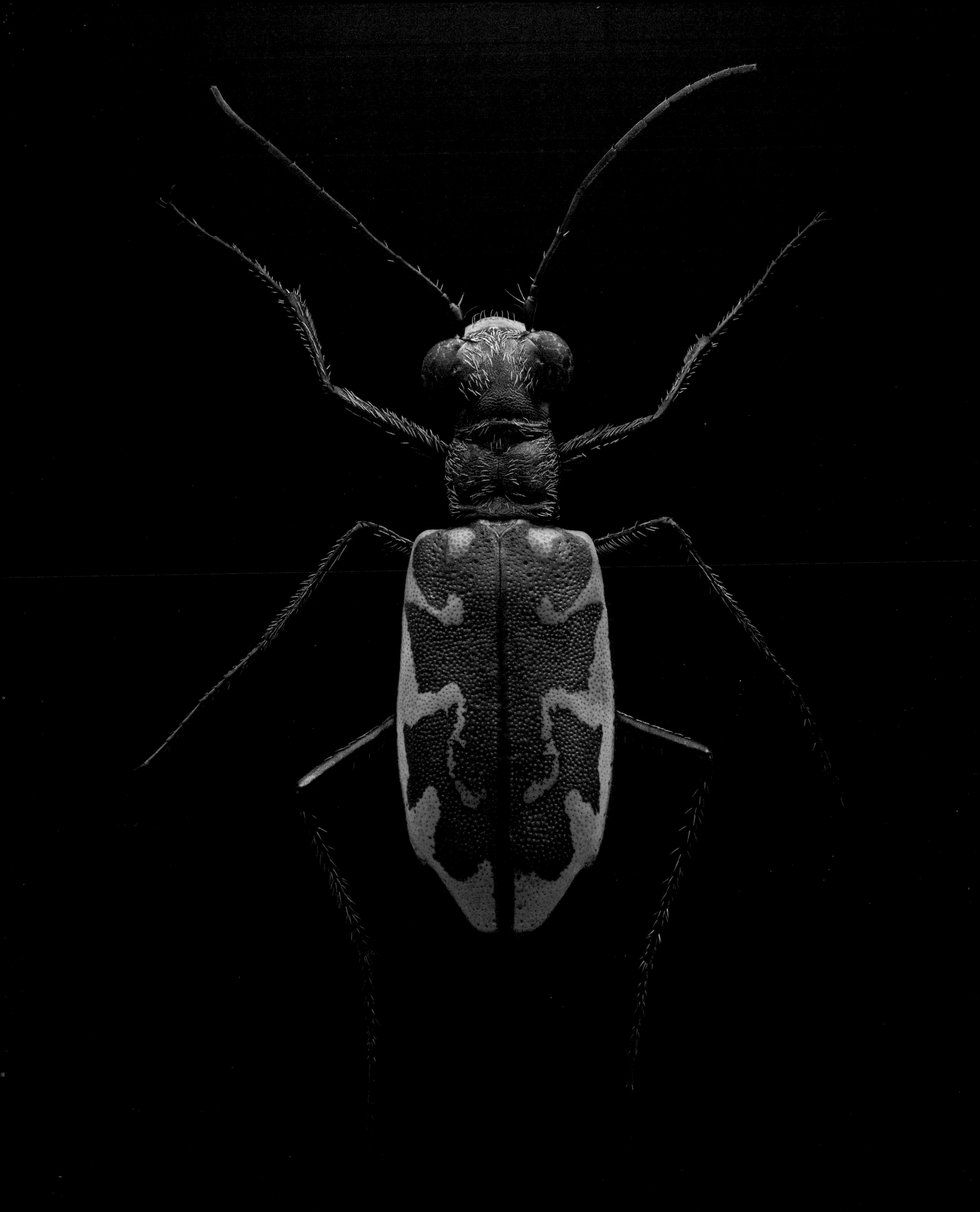

白纹云鳃金龟甲

Polyphylla barbata

美国加利福尼亚州圣克鲁斯附近的扎扬特山（the Zayante Hills）是很多稀有物种的家园，白纹云鳃金龟甲就是其中之一。这种鳃金龟的成虫在那里的沙土中只能存活几周，但其幼虫需要在地下洞穴中生长数年。如此长的寿命，再加上狭窄的分布范围（它们没有其他的分布地）使得这个物种非常脆弱。

1997年，白纹云鳃金龟甲被列入美国濒危物种名单，在这个名单上的都是“濒危”或“近危”物种。濒危物种是指有灭绝风险的种类，而近危物种则是指有可能变为濒危物种的种类。列入名单中的物种会受到一些特别的保护，比如在这些物种分布的地区，土地拥有者不得做出伤害这些动植物的行为，若要开发土地必须获得联邦政府的批准等。

这些政府性质的措施比我们为其他昆虫所做出的努力有更好的保护效果，但白纹云鳃金龟甲仍然在与城市发展以及沙丘栖息地和周围的采砂活动做着艰难的抗争。

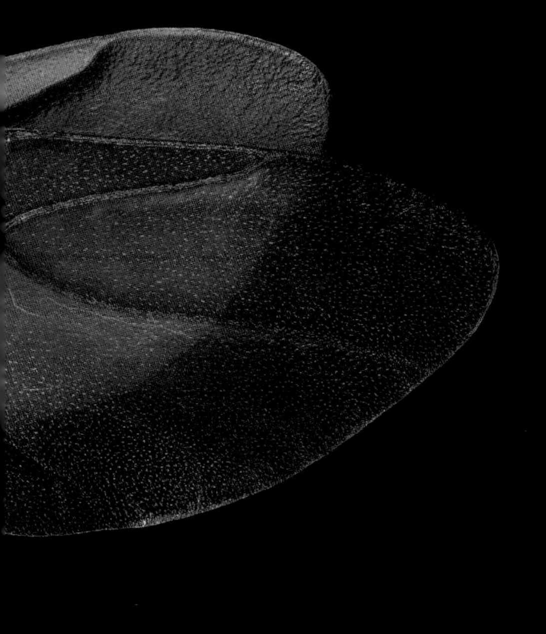

光亮悍蚁

Polyergus lucidus

蚂蚁是社会性群居动物，蚁群一般由一只蚁后、工蚁以及在特定时期进行繁殖的雄蚁组成。但与大多数蚂蚁种类不同，美国东部牧场上的光亮悍蚁用极特别的方式来抚育后代。光亮悍蚁的蚁后会入侵其他种类蚂蚁的巢穴并杀死对方的蚁后，并利用其气味伪装自己，成为新的蚁后。工蚁也会强迫其他种类的蚂蚁代替它们做育幼的工作。

研究人员说，一个蚁群的建立通常需要很多年——它一旦消失了，很可能不会再恢复。光亮悍蚁建立种群需要有大片的领地，但现在可供它们建设地下巢穴的理想栖息地越来越少了。以佛罗里达州为例，在这种蚂蚁分布的长叶松林地中，仅有3%还保有原生状态。因此，继续对像阿巴拉契科拉国家森林这样的林地进行保护便非常重要。

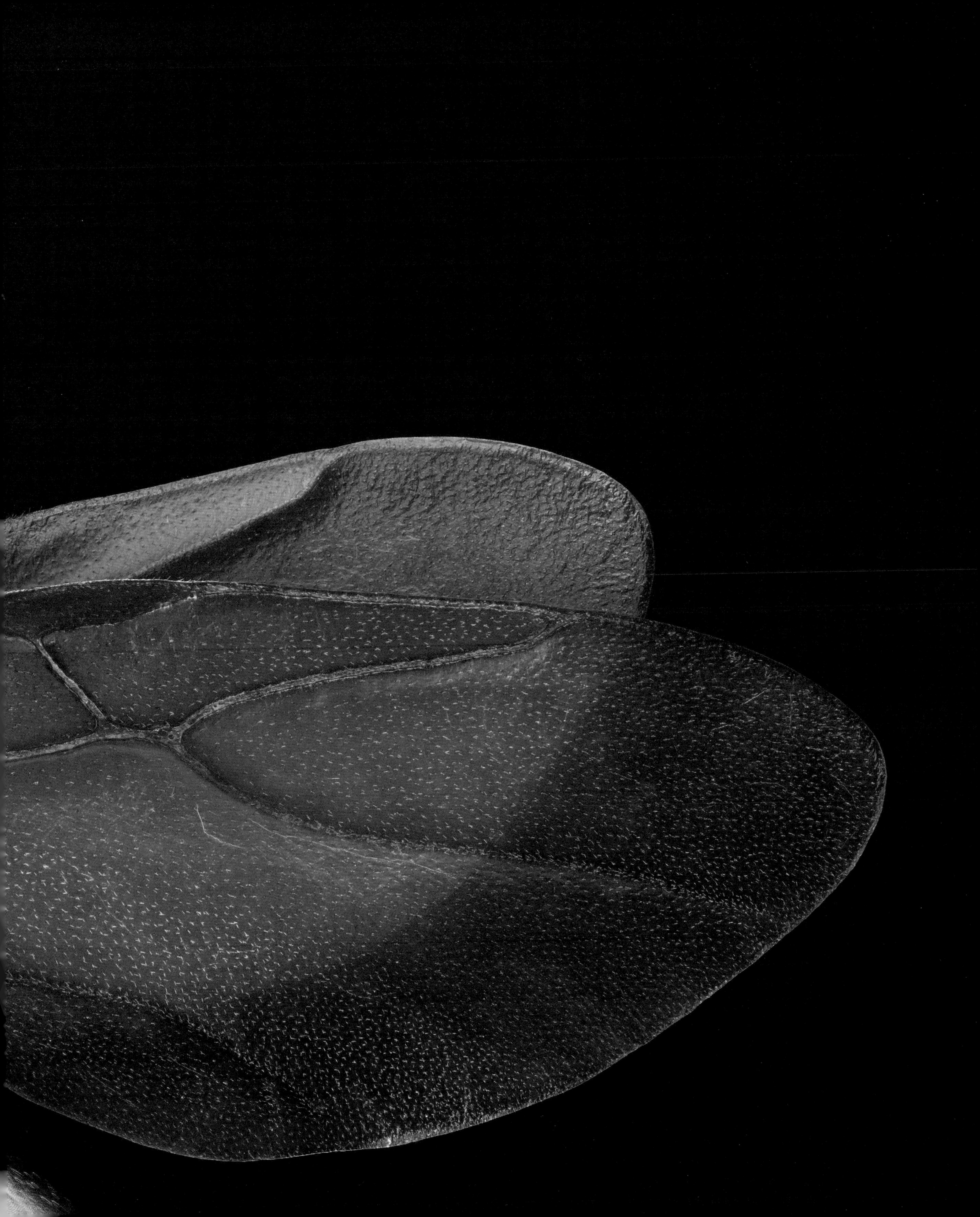

暗带狭拟虫虻

Rhaphiomidas trochilus

在这只拟虫虻的复眼下面，我们可以看到一根细长的喙，笔直地指向下方。许多喜欢访花的双翅目昆虫都能灵活地操纵这种管状喙，深深地探入沙漠植物的花中取食花蜜。暗带狭拟虫虻是仅在美国西南部和墨西哥北部分布的一种大型银灰色虻类昆虫，它们可以快速飞行并在花朵上方盘旋，这种能力使它们成为高效的授粉昆虫。

暗带狭拟虫虻曾被认为已经灭绝，不过它在1997年的美国加利福尼亚州圣华金谷（San Joaquin Valley）又被重新发现。但据科学家估计，余下的种群数量在每年也只有一百到一千只。导致它濒临灭绝的因素有许多：其幼虫捕食一些生活在沙地上的昆虫和蠕虫，而持续的沙地采砂活动威胁着暗带狭拟虫虻幼虫的生存；几个世纪的农田耕作使得暗带狭拟虫虻喜欢的宿主植物愈渐稀少；和其他地区一样，在美国西部，气候变化加剧了干旱和高温，这给暗带狭拟虫虻及许多其他生物带来了很多灾祸。

淡鞘虎甲

Cicindela albmissima

这只色彩斑斓的虎甲看起来很耀眼，但在它栖息的美国犹他州的粉色沙丘上，其奶油色和绿色的色彩实际上有助于它融入环境。奶油色的前翅也有助于淡鞘虎甲应对沙漠中的高温，这种颜色对阳光的反射大于吸收。淡鞘虎甲是沙丘中的捕食者，它会用弯曲的上颚来捕捉蚂蚁、苍蝇和其他小型猎物。

淡鞘虎甲在公共区域的活动范围很小，研究人员和野生动物管理人员多年来一直密切监测它们。他们发现，淡鞘虎甲的种群数量在降雨量低的年份会减少——随着全球气候的变化，减少的趋势会更加严重。另一个风险来自人们在沙丘地带驾驶的越野车，为了保护淡鞘虎甲住在地穴里的幼虫不被碾压，保护人员也划分出了一些保护区域，禁止车辆通行。

佛州暗蜂

Stelis ater

我们通常认为蜜蜂都是在蜂巢里群居的动物，但其实90%的蜜蜂种类是独居的。在多数独居的蜂类中，雌蜂建造巢穴并为子代提供蜜和花粉作为食物。像佛州暗蜂这样的寄生蜂，其抚育后代的行为非常独特：雌性佛州暗蜂会侵入其他蜂类的巢穴，并在其中产卵；卵孵化后，幼虫就会杀死宿主蜂的后代并享用它们的食物。

2011年，美国佛罗里达大学和美国自然历史博物馆的研究人员首次确定了佛州暗蜂的宿主蜂，并艰难地记录下了其寄生行为。类似这样的研究可以帮助研究人员了解如何保护濒临灭绝的物种。不过对于这些数量非常稀少的佛州暗蜂，目前还没有具体可行的保护措施，但人类对原生环境的保护可以帮助这种蜂以及其他物种。

长角大颚天牛

Macrodontia cervicornis

长角大颚天牛非常漂亮，其鞘翅（即鞘质的坚硬前翅）上有复杂的、极似树皮的纹理。它们的体型很大：算上锯齿状的下颚，雄性长角大颚天牛（如图中这只）的体长可达17.8厘米，这让它们成为世界上体长最长的甲虫之一。

长角大颚天牛生活在亚马孙河流域的潮湿雨林中，从巴西西部至秘鲁、厄瓜多尔一带均有分布，但它们的处境不佳。近几十年来，人类为了建设牧场、农业产业园和其他所需，将数万平方千米的亚马孙雨林砍伐。长角大颚天牛还是昆虫爱好者的收藏品——一枚优质的标本甚至可以卖到几千美元。事实上，持续采集这些长寿命的甲虫（其幼虫需要在雨林植物的树皮下生存数年）的做法正是使它们种群数量减少的另一个因素。尽管这些甲虫因引人注目的华丽外表而被珍视，但它们真正的宝贵之处在于，它们是亚马孙生态系统不可或缺的一部分。

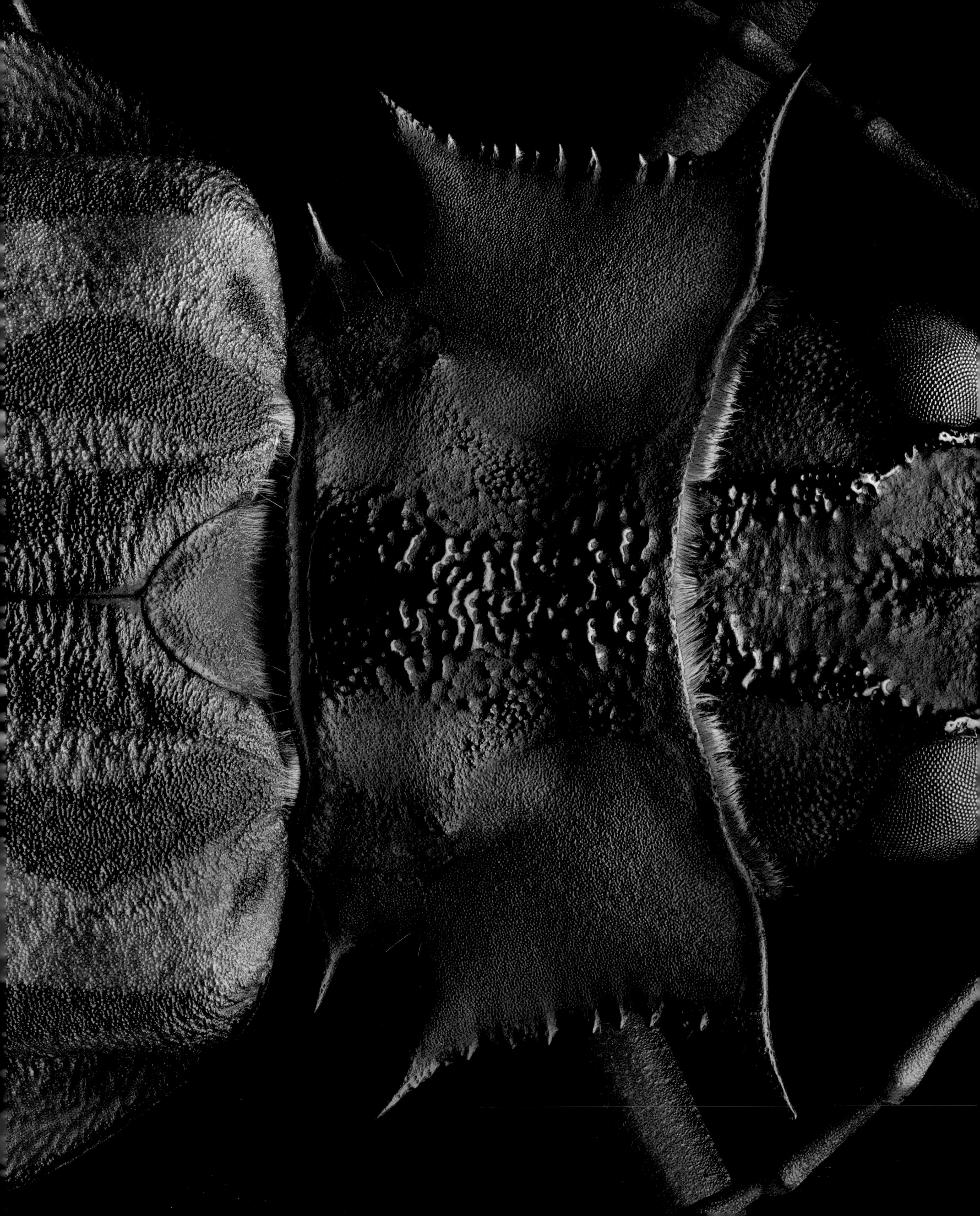

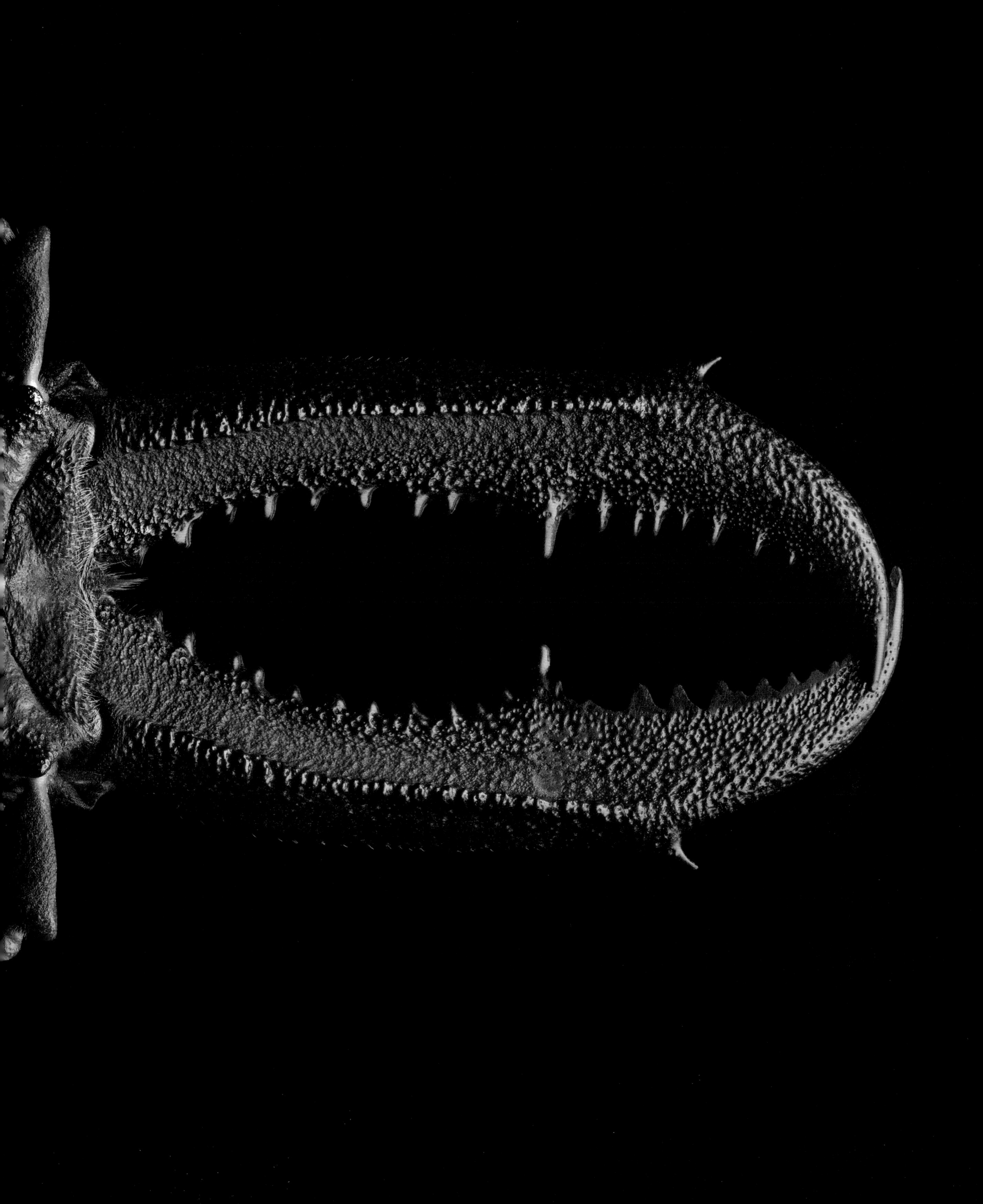

暗端真波翅天蛾

Euproserpinus phaeton

许多人认为蛾子都在夜间飞行，但有些飞蛾在白天也很活跃，其中就包括图中的暗端真波翅天蛾。在美国加利福尼亚州至墨西哥的下加利福尼亚州的干旱沙地，暗端真波翅天蛾在早春的白天展翅飞翔。它们飞得很快，离地面只有几厘米到十几厘米，通常是为了寻觅配偶，或寻找月见草以获取花蜜，它们的幼虫还会以这些花为食。

但是在美国加利福尼亚州人口密集的地区，暗端真波翅天蛾的活动范围正逐渐缩小。昆虫学家再也没在它们曾经密集分布的地方见到它们了，因为人类在那里建设了新家园。同时，一种与之亲缘关系非常相近的蛾子，被发现如今只分布在加利福尼亚州中部农村的两个很小的区域。对于暗端真波翅天蛾这个濒临灭绝的物种来说，即使是对其很小的栖息地进行轻微地破坏，也足以给它们带来毁灭性的伤害。

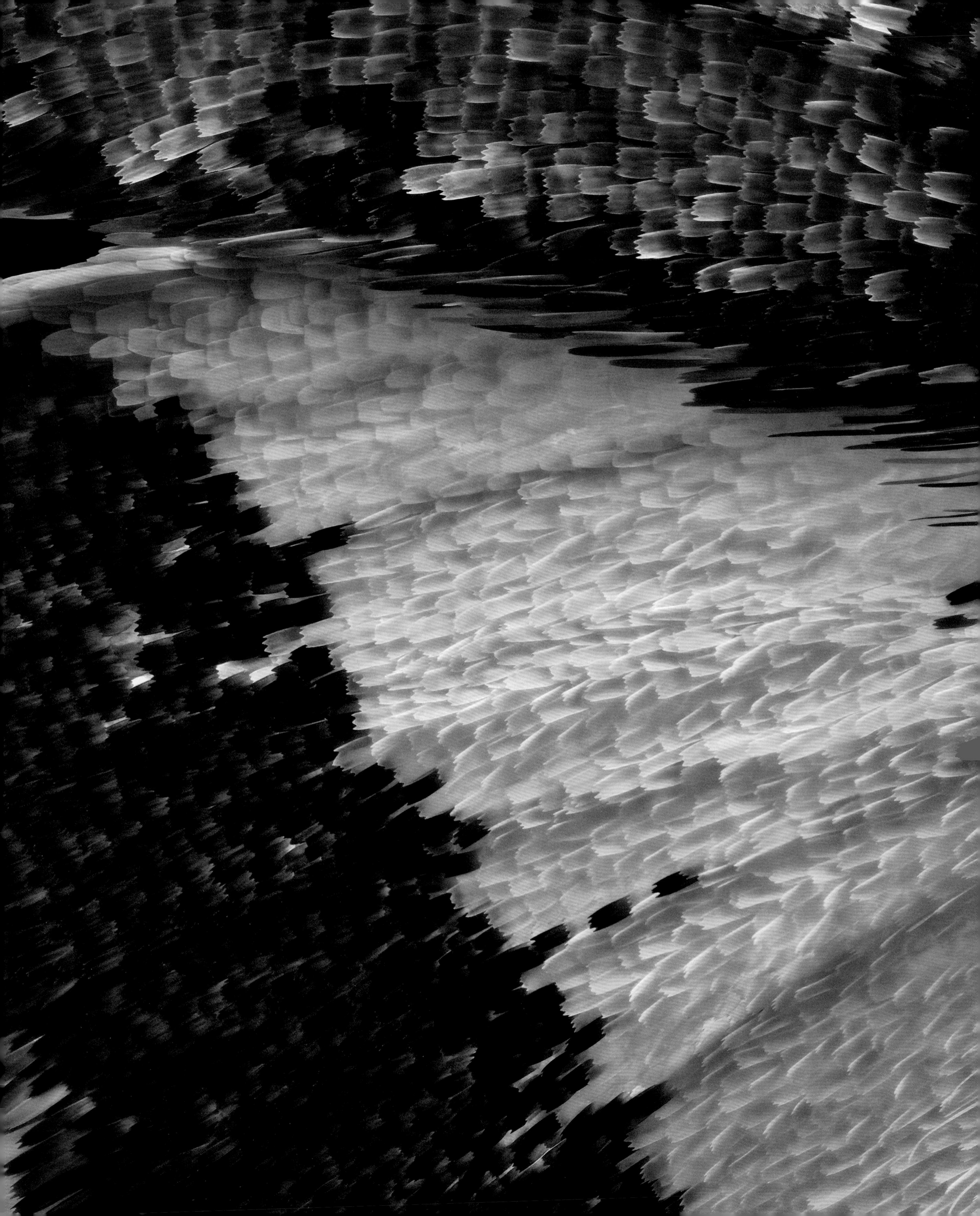

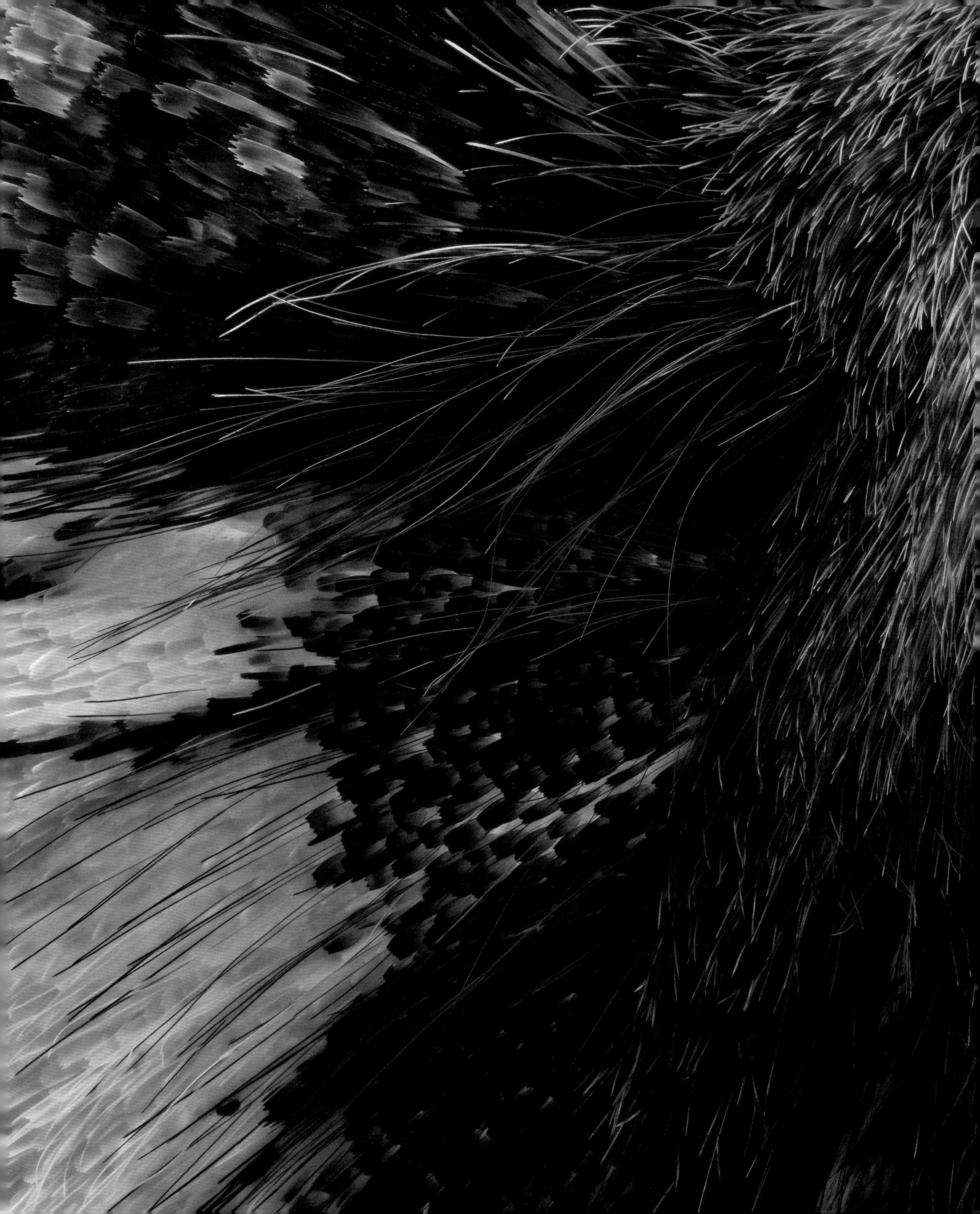

异脉果蝇

Idiomyia heteroneura

夏威夷群岛是地球上现代物种灭绝数量最多的地方，原因之一是这个偏远岛屿群上的生物很容易受到外来物种的影响。岛屿的这种隔离状态也意味着它是许多特有物种的家园，其中包括500多种果蝇。图中的这只雄性异脉果蝇有着独特的头部和宽阔的眼距，有点像双髻鲨。在争夺配偶的较量中，雄虫会像羚羊那样做出顶撞头部的动作，但实际上它们几乎不会真正互相碰触。

异脉果蝇以前在夏威夷岛潮湿的山腰森林中很常见，它的幼虫会在树皮下或一些植物的茎上觅食。但后来，这种果蝇的种群数量急剧下降，如今，它们的栖息地仅剩下一个森林保护区。研究人员认为，造成该物种的种群数量下降的部分原因，是其寄主植物因感染真菌病害而发生的群落消失。鉴于此，2006年异脉果蝇及其他夏威夷果蝇被列入了美国濒危物种名单，并得到了一些必要的保护。

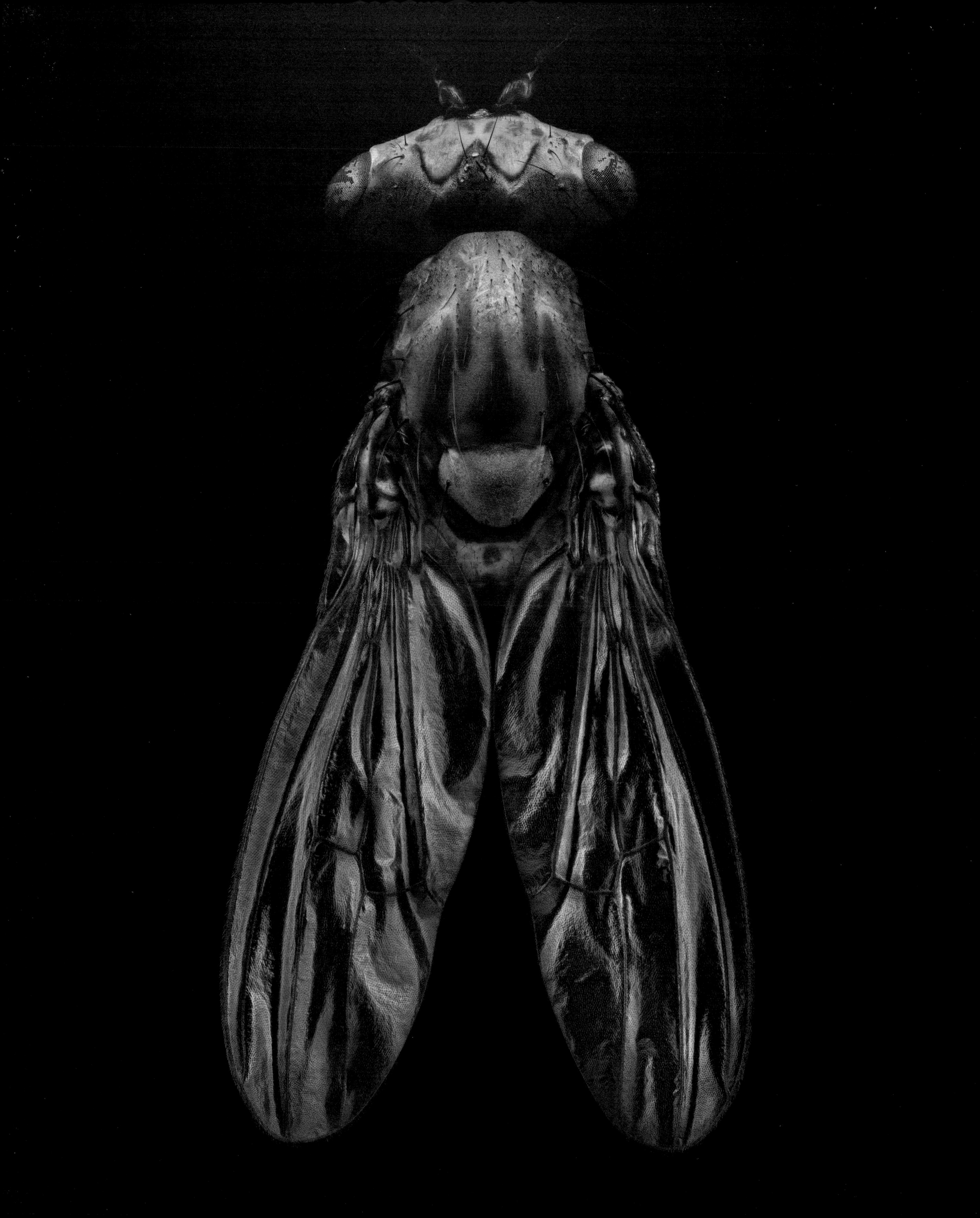

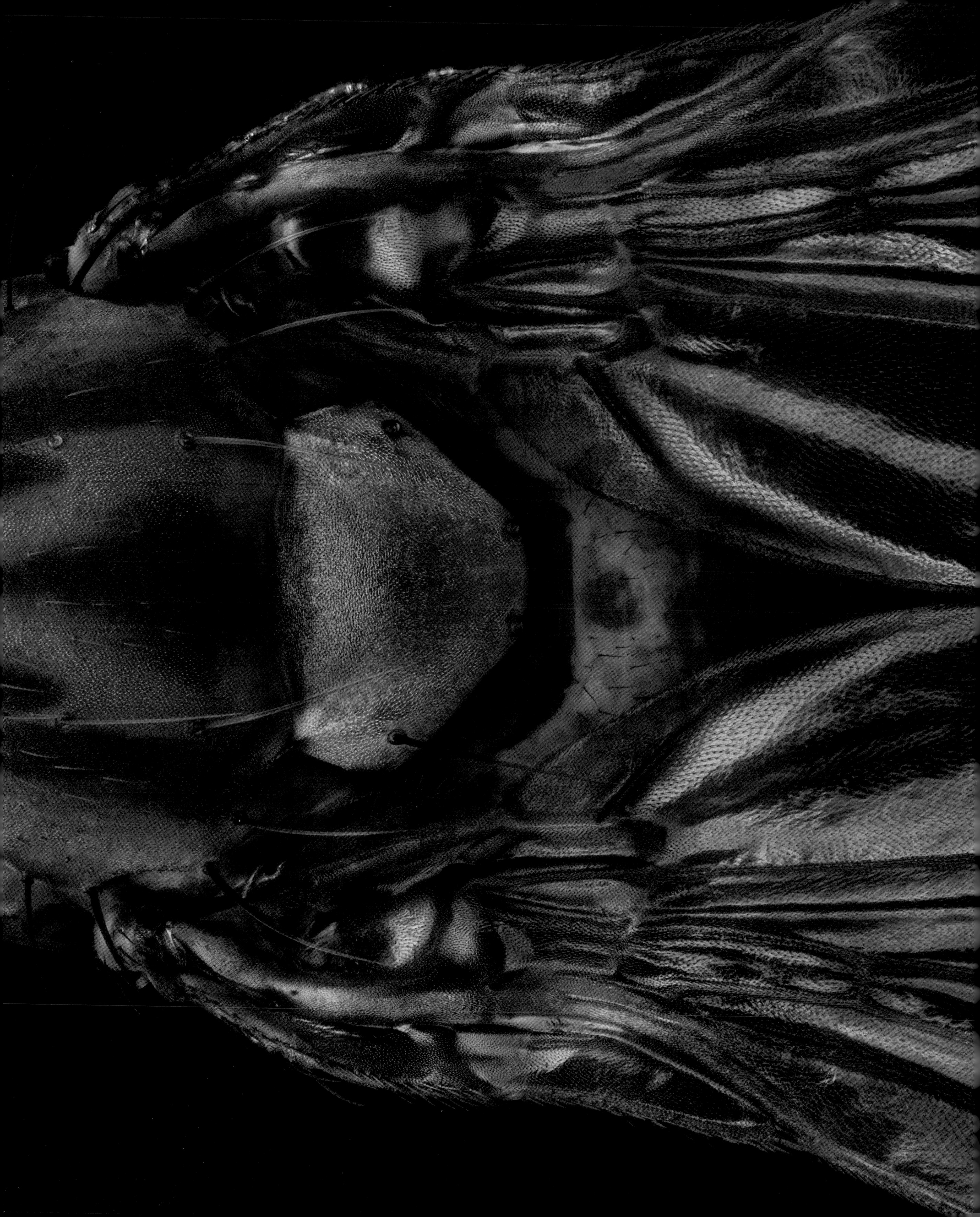

幽暗脉伪蜻

Neurocordulia yamaskanensis

蜻蜓可以说是昆虫中最好的特技飞行员，幽暗脉伪蜻就是其中一位。黄昏时分，它们会盘旋在幽暗的水域上空，不时急速向下俯冲，捕猎蚊虫等其他昆虫。幽暗脉伪蜻多分布在美国东部和加拿大的河湖水域，是典型的水生昆虫。雌性幽暗脉伪蜻产的卵会在水里发育为稚虫，靠鳃呼吸。

目前，幽暗脉伪蜻的野外种群数量仅在部分分布地保持稳定，而在其他区域已经绝迹。在未来几年里，气候的变化可能会对该物种的现存种群持续产生不利影响。关于幽暗脉伪蜻稚虫在北美洲的东北地区河湖的生活史情况还有待观察和了解，如果这些水域的温度急剧变化，稚虫就可能无法生存。根据水域受到的高温、干旱和其他因素（如水污染）的影响，研究人员估计，随着气候的变化，这种蜻蜓的理想河流栖息地可能会丧失至少50%。

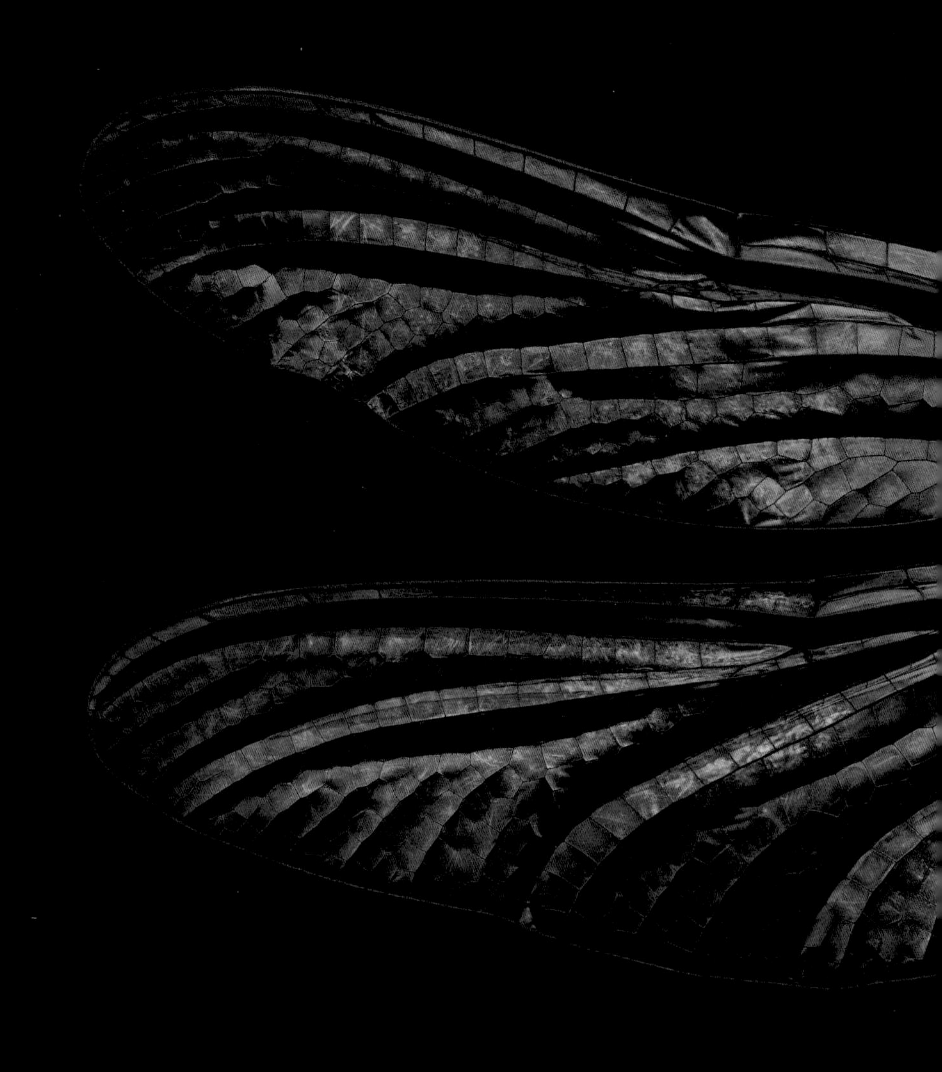

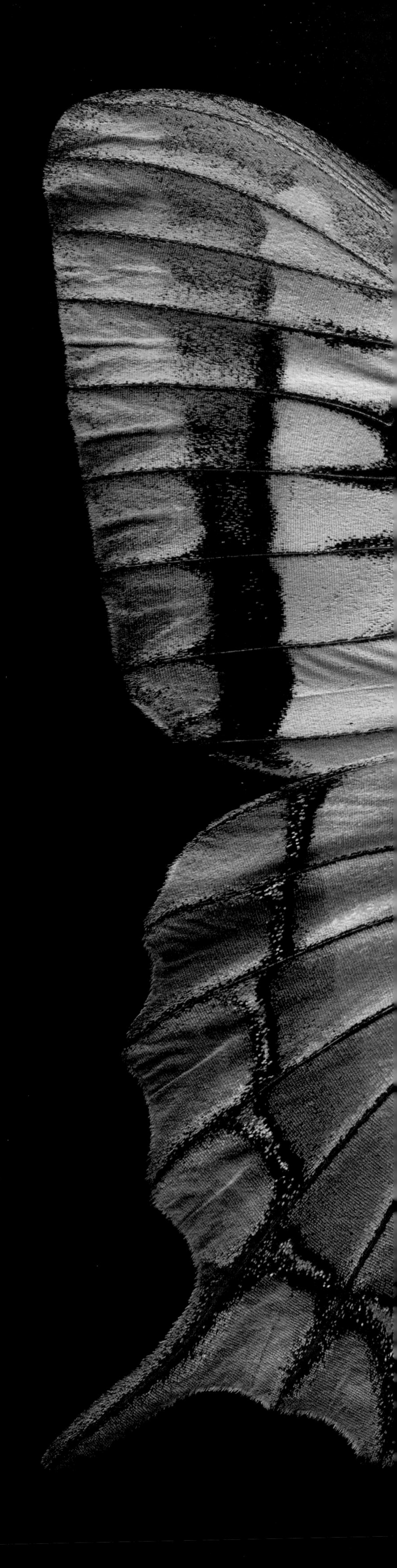

墨西哥豹凤蝶

Papilio esperanza

只有在墨西哥瓦哈卡州的高山云雾森林里，才能见到这种珍奇的凤蝶。可以从图中清楚地看到，墨西哥豹凤蝶翅膀腹面耀眼的色彩和斑纹——也许这能帮助它吸引潜在的配偶。翅膀的背面有类似的图案，也许可以起到一些伪装作用。

如今，这个物种也濒临灭绝。潮湿、凉爽的云雾森林生态系统孕育了很多珍稀物种，这种与世隔绝的环境有些类似孤岛，干热的低地森林犹如这些物种生境的屏障。因此，即使墨西哥豹凤蝶生存环境中出现的扰动极其微小，都足以让它们无家可归。可是，气候的变化威胁着墨西哥的云雾森林生态系统，这些森林本身就已经由于过度采伐、放牧和耕作而变得支离破碎了。为了遏止情况的继续恶化，居住在周边地区的人们开始对森林进行管理，以保护当地的物种多样性。在一些地区，人们共同负责一大片土地，禁止在其中采集蝴蝶，并密切监控森林的健康状况。

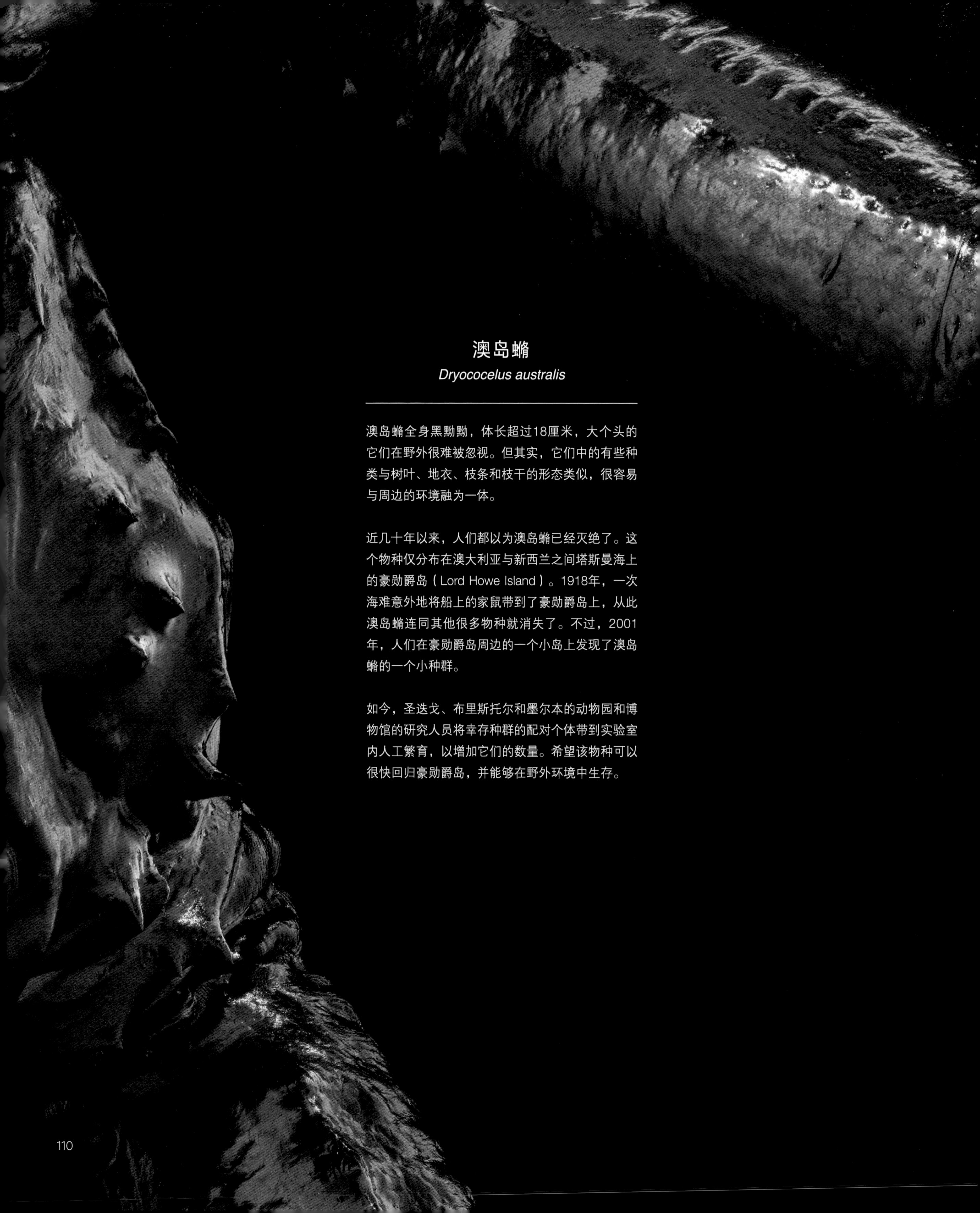

澳岛蝓

Dryococelus australis

澳岛蝓全身黑黝黝，体长超过18厘米，大个头的它们在野外很难被忽视。但其实，它们中的有些种类与树叶、地衣、枝条和枝干的形态类似，很容易与周边的环境融为一体。

近几十年以来，人们都以为澳岛蝓已经灭绝了。这个物种仅分布在澳大利亚与新西兰之间塔斯曼海上的豪勋爵岛（Lord Howe Island）。1918年，一次海难意外地将船上的家鼠带到了豪勋爵岛上，从此澳岛蝓连同其他很多物种就消失了。不过，2001年，人们在豪勋爵岛周边的一个小岛上发现了澳岛蝓的一个小种群。

如今，圣迭戈、布里斯托尔和墨尔本的动物园和博物馆的研究人员将幸存种群的配对个体带到实验室内人工繁育，以增加它们的数量。希望该物种可以很快回归豪勋爵岛，并能够在野外环境中生存。

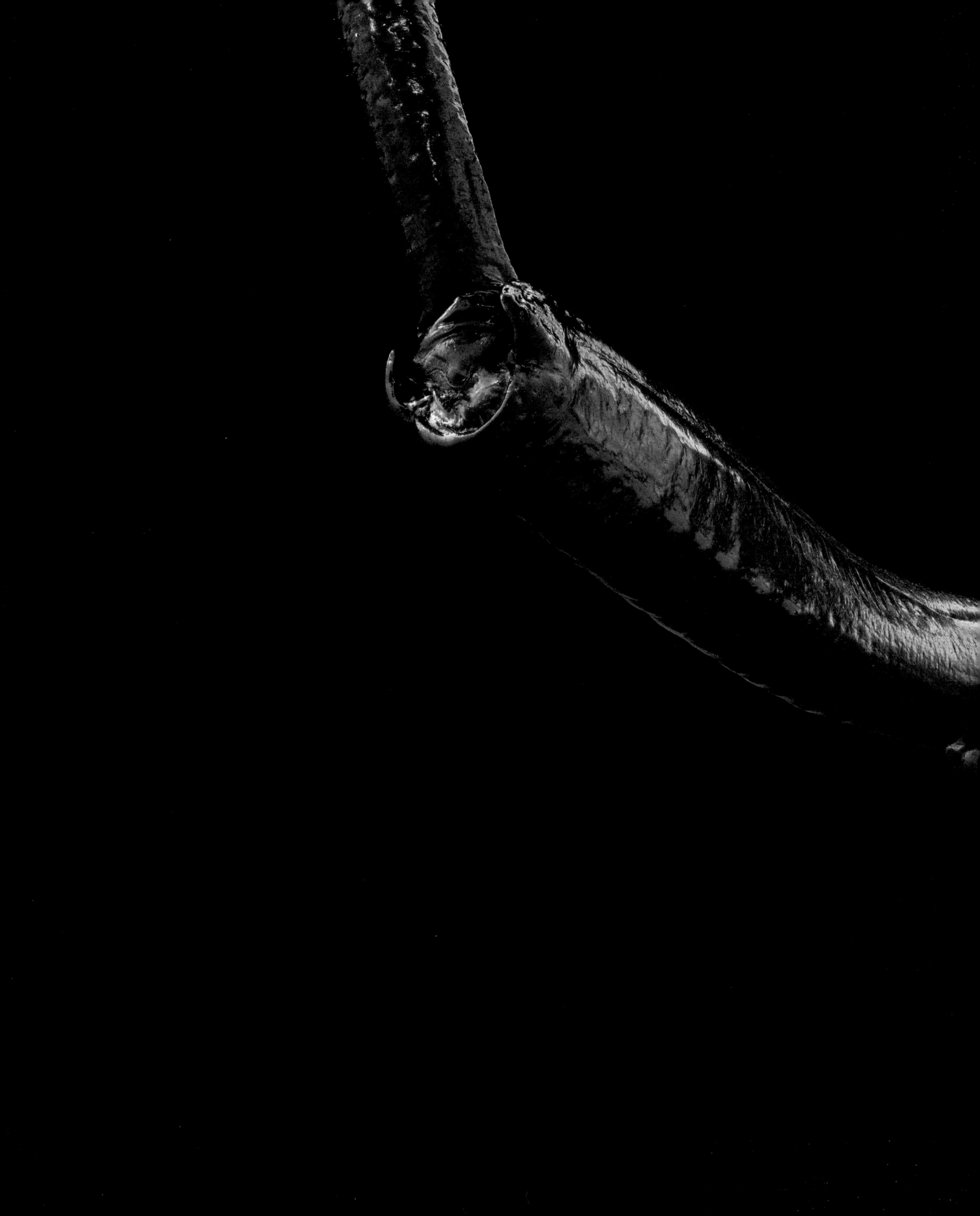

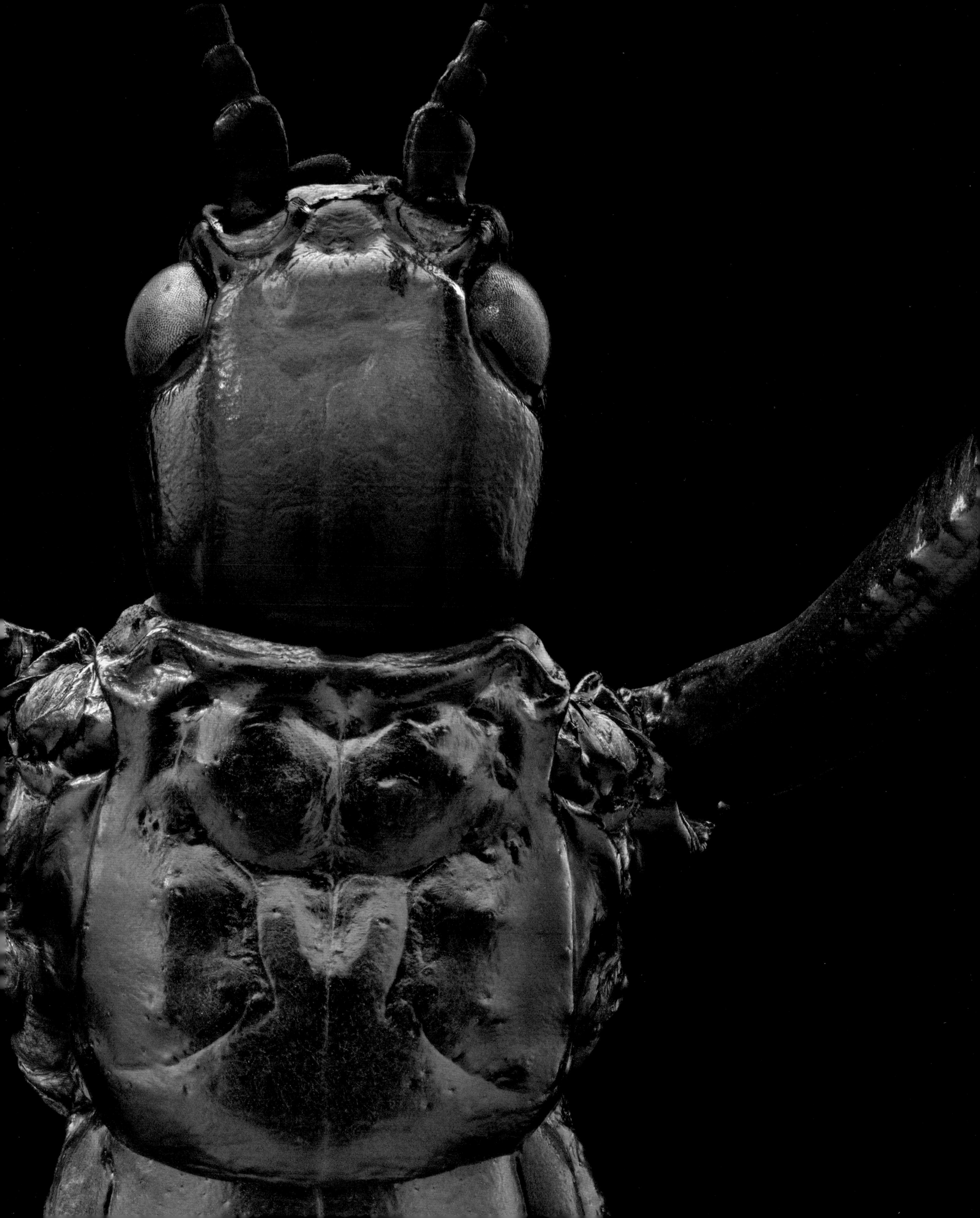

黑角直同蝽

Elasmostethus atricornis

这种昆虫是蝽类的一员，分类上属于同蝽科（Acanthosomatidae），又叫“守护蝽”或“家长蝽”，因为有些同蝽科昆虫具有抚幼行为——这在昆虫类群中比较罕见。雌虫产卵之后一般会留守在卵块旁，用身体遮挡卵块，抵御和驱赶捕食性的蚂蚁。有的种类还会像母鸡那样把幼虫护在身体两侧，踢打或扇动翅膀对付进攻者。

这些小型的植食性动物生活在北美洲东部的森林中，主要在楤木属（*Aralia*）的植物上取食和产卵，并在其上寄生。这类森林植物一般生长于湿润的阔叶林边缘。但由于这种类型的林地大多已被开发，曾经湿润的地方也变得干涸，因此黑角直同蝽的数量也在逐渐减少。

吕宋翠凤蝶

Papilio chikae

吕宋翠凤蝶又叫吕宋孔雀燕尾蝶，蝶如其名，它就像孔雀一样美艳。吕宋翠凤蝶的翅膀就像在黑丝绒上撒下了闪亮的彩虹绿松石和幻紫色鳞片。这个物种被发现于1965年，它们只生活在吕宋岛（菲律宾群岛中最大、最靠北的岛）中部山区凉爽潮湿的高海拔云雾森林中。

吕宋翠凤蝶正遭受许多生存威胁。有的蝴蝶可以高速飞行，飞行时的路线也飘忽不定，而吕宋翠凤蝶往往飞得较慢，这导致它们成为虫商们的目标。另一方面的危机在于栖息地的丧失：在吕宋翠凤蝶分布地不远处有一个热门的避暑胜地，而其周围的森林也未受法律保护，可能遭受采伐和其他侵害。当下，这个物种已经濒临灭绝。

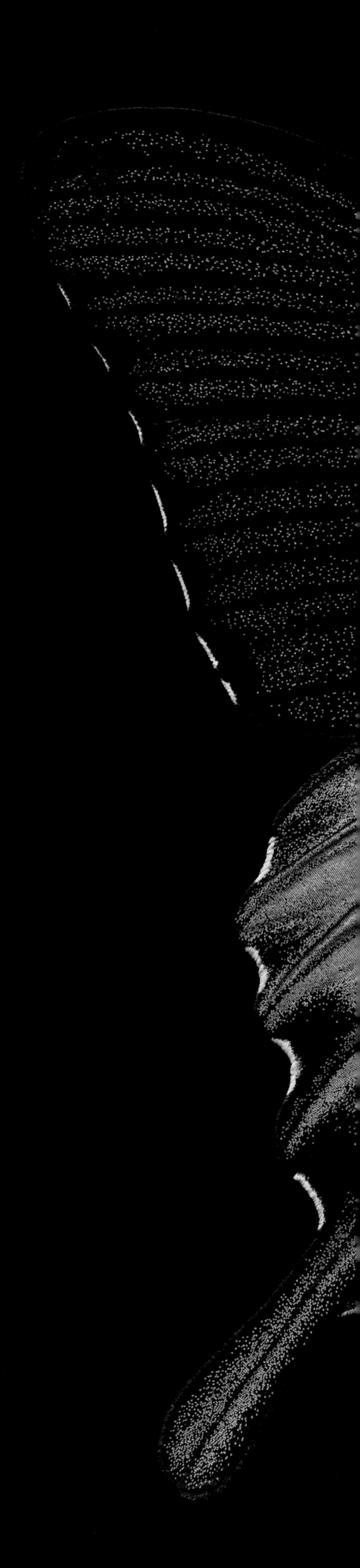

美洲覆葬甲

Nicrophorus americanus

小小的昆虫能把大动物吃到只剩骨头吗？在美洲覆葬甲这里，答案是肯定的。为了哺育后代，葬甲夫妇先要寻找小型哺乳动物、鸟类或爬行类的尸体，收拾好并埋入地下。雌性葬甲将卵产在尸体旁，之后不断从尸体中摄取食物，反刍后仔细地喂给幼虫——这种亲代在抚育子代上如此投入的现象在昆虫中并不常见。像其他一些昆虫一样，美洲覆葬甲将腐烂的动物尸体分解回收，使得养分重归土壤，协助生态系统完成了物质循环。

美洲覆葬甲曾广泛分布于北美洲东部，而如今它们只在美国的八个州有零星分布。为了增加美洲覆葬甲的种群数量，来自罗得岛州的罗杰·威廉姆斯动物园以及其他机构的专家如今在实验室里饲育它们。动物园的生物学家正在马萨诸塞州的楠塔基特岛（Nantucket Island）努力恢复一个能自行繁衍的种群。他们最近为纽约州的研究人员引入了一个新种群，那里的美洲覆葬甲已经消失50多年了。

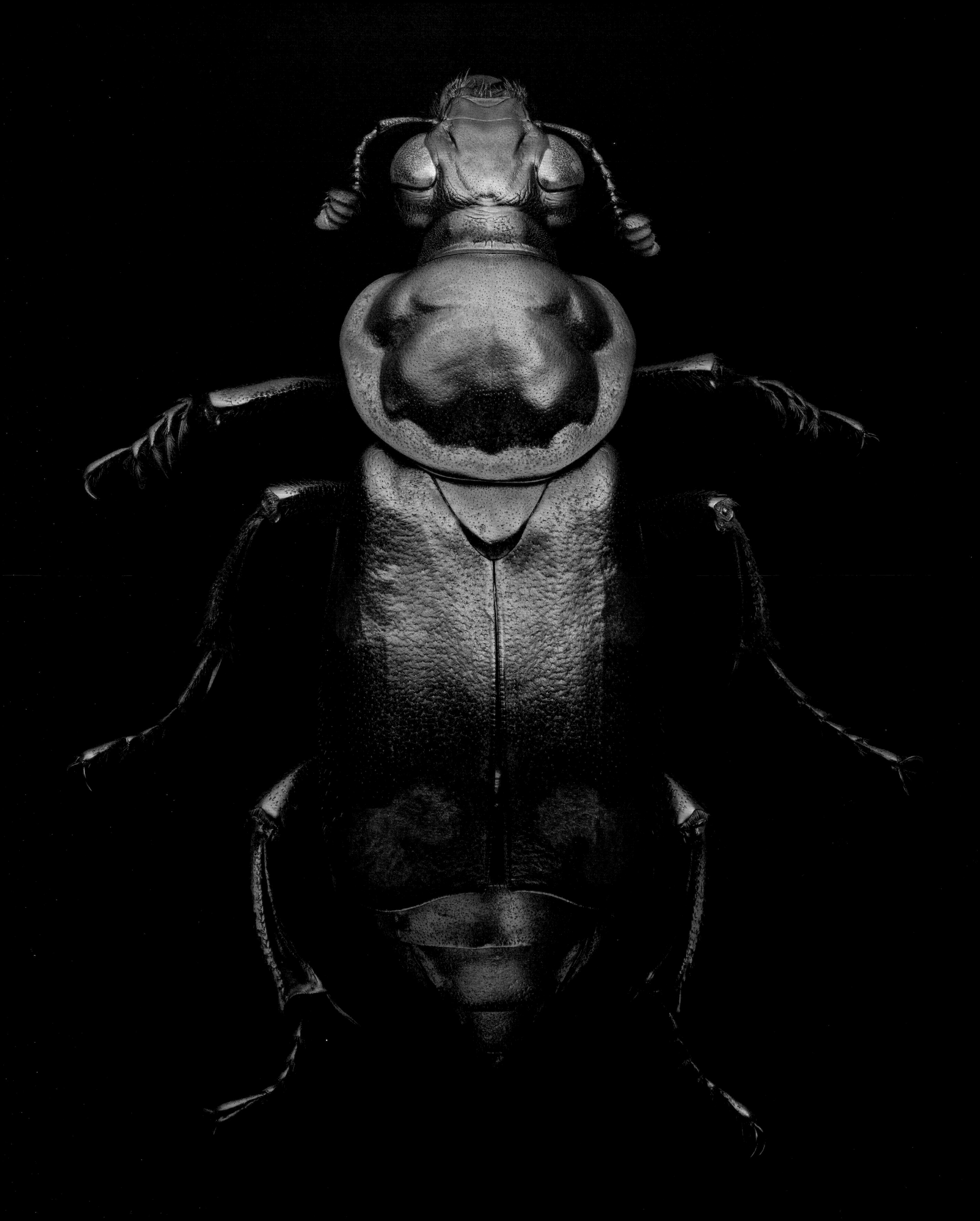

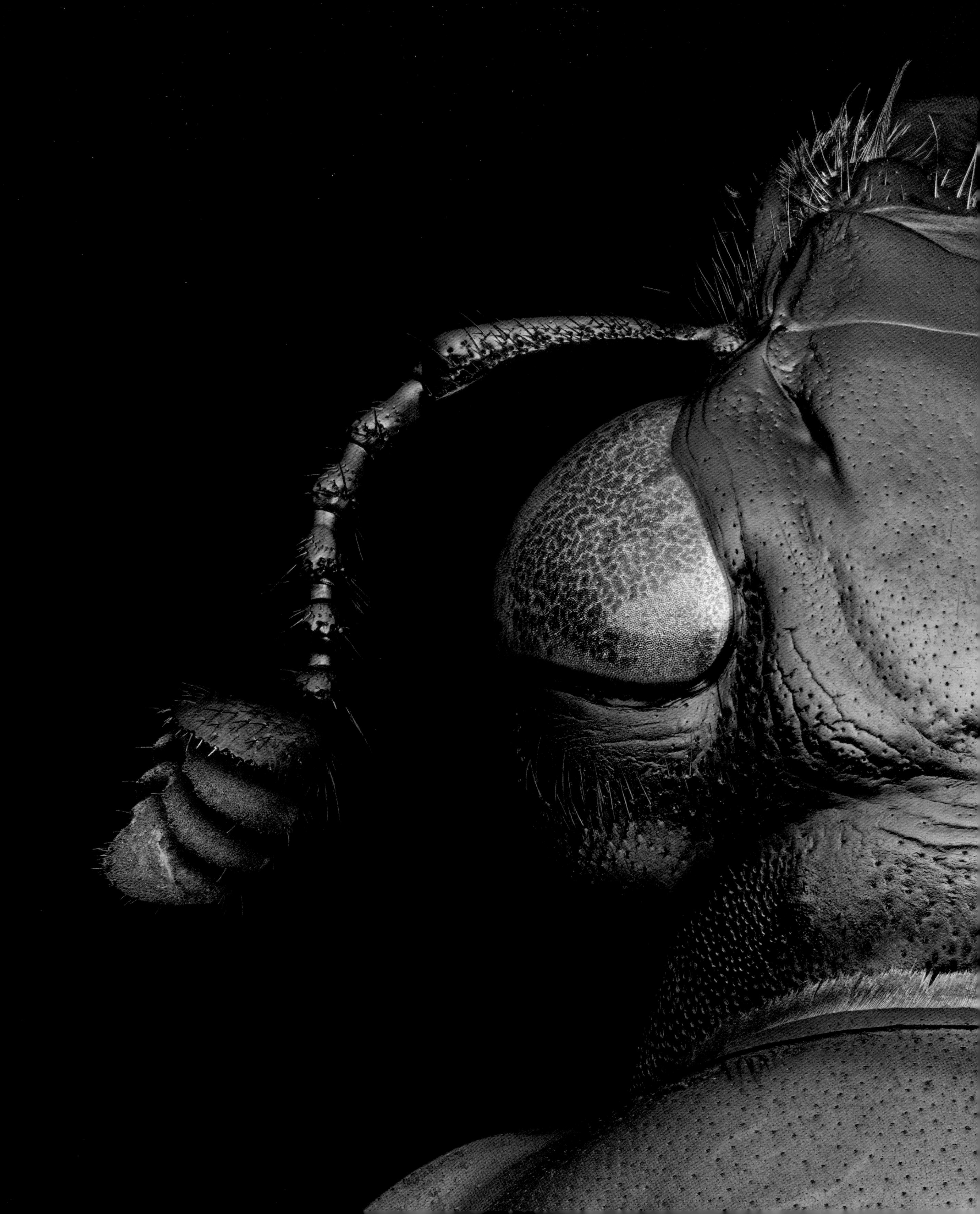

马代拉粉蝶

Pieris wollastoni

马德拉群岛（Madeira Islands，也叫作马代拉群岛）位于摩洛哥海岸以西数百千米的大西洋上，有大约20种蝴蝶栖息于此。20世纪80年代，昆虫学家们就已经发现，马代拉粉蝶开始消失了。这种蝴蝶只生活在马德拉群岛潮湿且布满苔藓的月桂林里，除此之外在地球的其他地方都没有分布。

这个物种消亡的原因有栖息地的丧失，以及来自一种携带病毒的外来入侵蝴蝶的竞争。此外，一种引入的小型寄生蜂也起了很大作用，它们会寄生在粉蝶科（Pieridae）幼虫的身上。尽管昆虫学家们一直在努力寻找残余的马代拉粉蝶种群，但一直未找到，马代拉粉蝶很可能已经灭绝了。

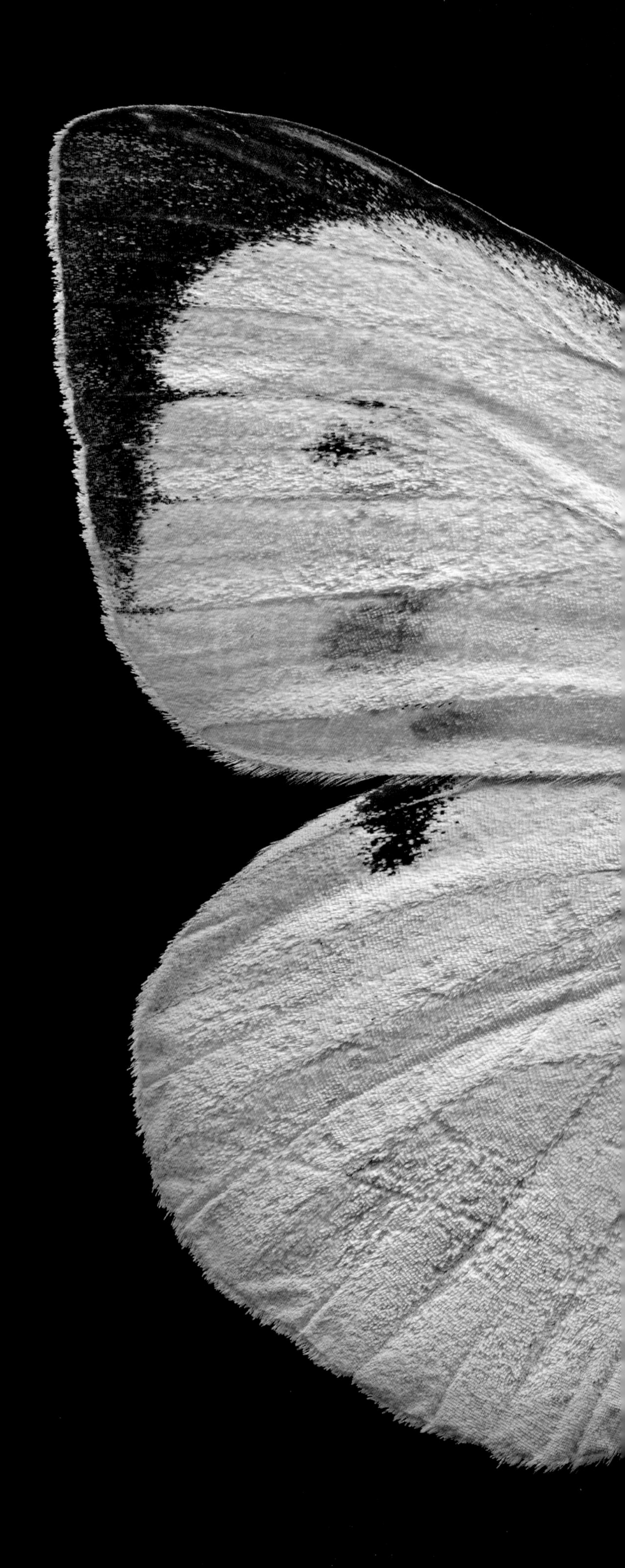

马代拉钩粉蝶

Gonepteryx maderensis

马德拉群岛陡峭的山间有常绿的照叶林，被称为“月桂雨林”，鲜艳的马代拉钩粉蝶大部分时间都在月桂树冠上活动。它们明快的鲜黄色很像硫黄，因此又叫作“硫黄蝶”。

可是，拥有如此美丽色彩的马代拉钩粉蝶却濒临灭绝。马德拉群岛吸引了很多游客，城市发展又挤占了许多自然栖息地。马代拉钩粉蝶的生命周期制约了他们的种群增长：成虫有几个月的寿命——这对蝴蝶来说已经很久了——因此每年可能只有一代新生蝴蝶。而且马代拉钩粉蝶的幼虫摄食单一，只取食一种树，而这种树本身就受到入侵植物的威胁。不过当地也有一些保护措施：建立了一个广阔的自然保护区，剩余的月桂雨林现在也被联合国教科文组织正式列为世界遗产。

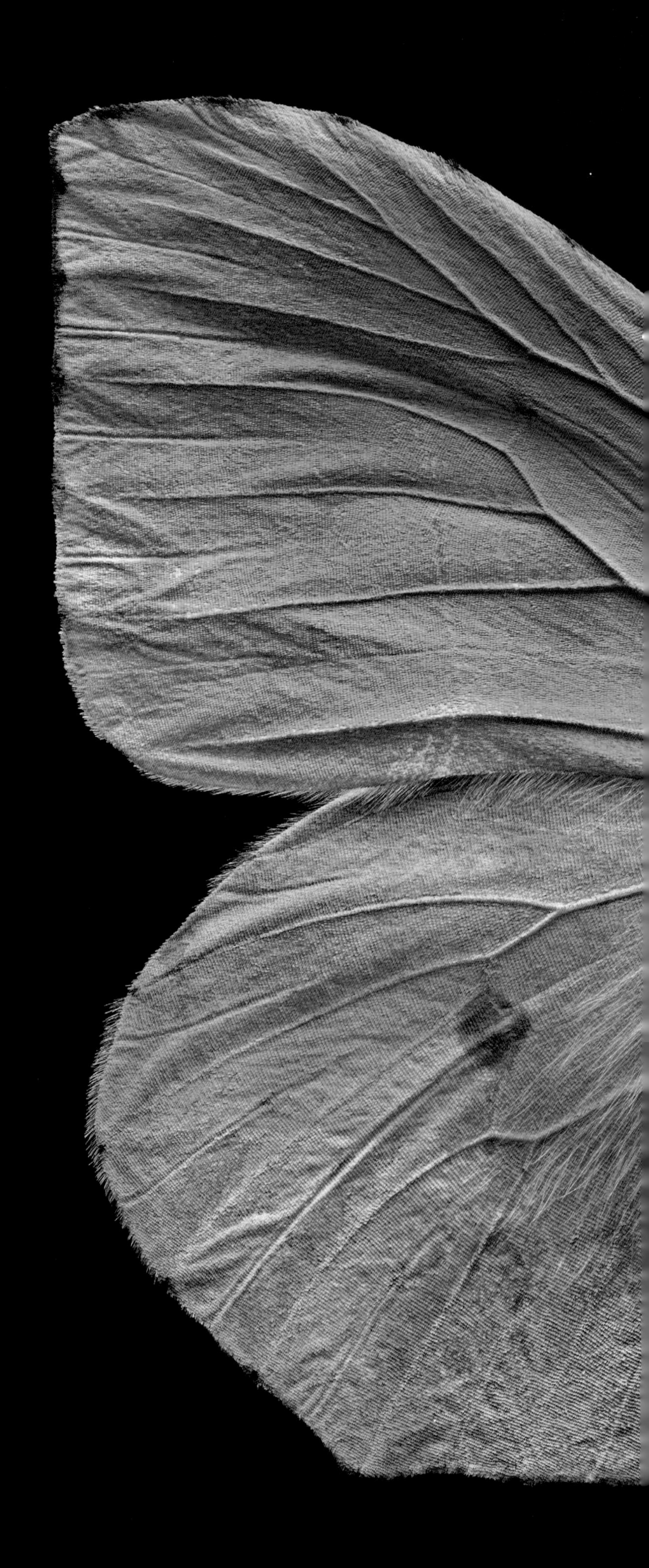

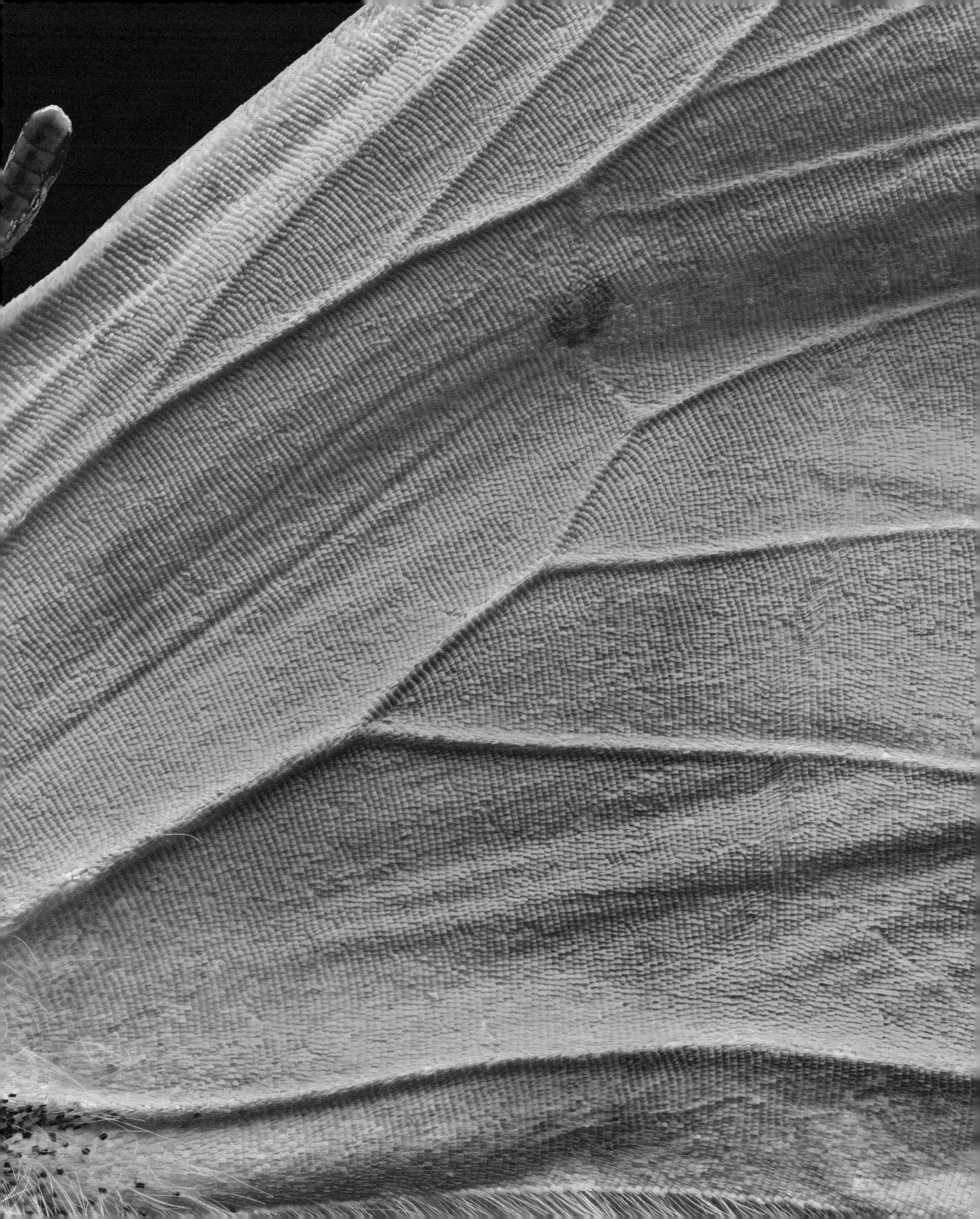

落基山黑蝗

Melanoplus spretus

遮天蔽日的蝗群经常让收成毁于一旦。直到19世纪的末期，数十亿落基山黑蝗还会周期性地侵袭北美大平原，破坏草原植物，摧毁农作物。但后来，落基山黑蝗不再迁飞，人们最后一次见到它们是1902年，之后它们就消失了。

是什么原因导致了这场神秘而突然的灭绝事件呢？前不久，美国怀俄明大学的研究团队提出了一种可能，牵涉到蝗虫的生命周期与人类活动的相互作用。蝗虫的成虫具有两种形态：散居型和能迁飞的群居型（蝗虫只有在特定的天气、种群密度和其他条件都具备时才会发展到群居阶段）。落基山黑蝗的衰亡可能发生在它们数量较低的散居型时期。从19世纪中期开始，欧洲移民逐渐迁入原生态的美国西部地区，他们在蝗虫产卵的地区开荒种地。如今，这些蝗虫不再飞越北美洲，但其他种类的蝗虫有时会在非洲、大洋洲、亚洲等部分地区聚集。

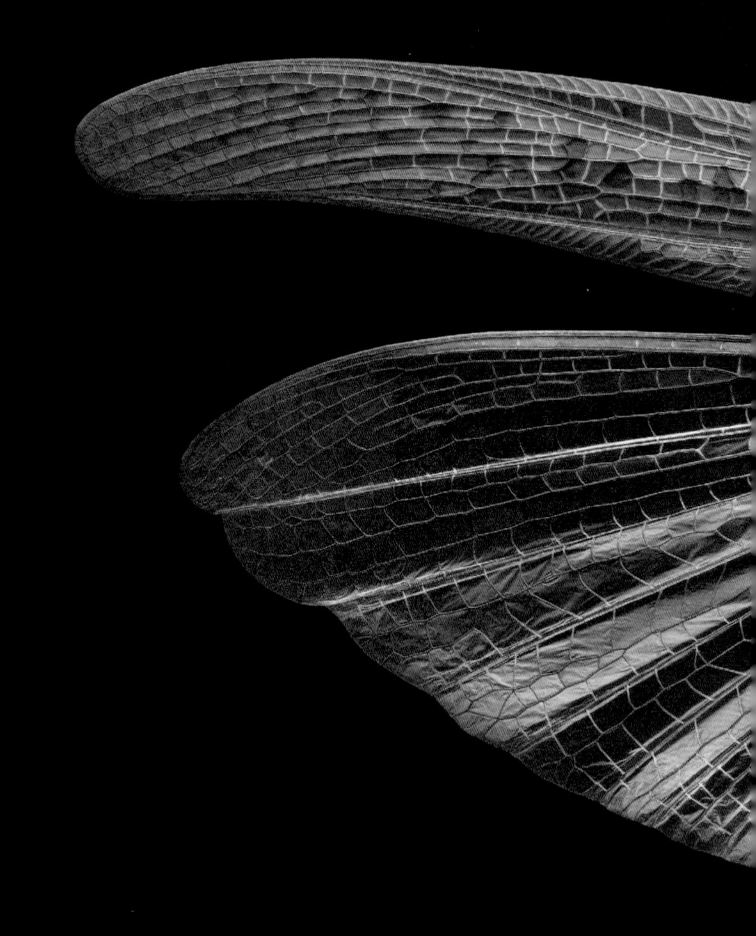

泉毛腹潜蝽　君主斑蝶　布氏管蚜蝇　二点天大蚕蛾　九星瓢虫

加利福尼亚甜灰蝶　高山丽天牛　北部叉尾螽　短翅黑蝗　黄缘臀灯蛾

铜绿荆树金龟甲　阿帕奇迪隧蜂　晚秀蝉　达氏熊蜂　碎斑簇灯蛾

接骨木青带天牛　褐眼大蚕蛾　白斑拟蜂灯蛾　风轮菜壁蜂　约翰通缘步甲

棒角宽背盲蝽　黄边胡蜂　黄缘椭翅虎甲　白纹云鳃金龟甲　光亮悍蚁

暗带狭拟虫虻　淡鞘虎甲　佛州暗蜂　长角大颚天牛　暗端真波翅天蛾

异脉果蝇　幽暗脉伪蜻　墨西哥豹凤蝶　澳岛蝽　黑角直同蝽

吕宋翠凤蝶　美洲覆葬甲　马代拉粉蝶　马代拉钩粉蝶　落基山黑蝗

索引

图书在版编目(CIP)数据

昆虫的艺术 / (英) 列文・比斯 (Levon Biss) 著；王建赟译；张辰亮审订. — 长沙：湖南科学技术出版社，2024.1

ISBN 978-7-5710-2374-4

Ⅰ.①昆… Ⅱ.①列… ②王… ③张… Ⅲ.①昆虫—图集 Ⅳ.① Q96-64

中国版本图书馆 CIP 数据核字 (2023) 第 145604 号

KUNCHONG DE YISHU
昆虫的艺术

著　　者：[英] 列文・比斯
译　　者：王建赟
审　　订：张辰亮
出 版 人：潘晓山
总 策 划：陈沂欢
策划编辑：董佳佳　邢晓琳
责任编辑：李文瑶
特约编辑：张　悦
版权编辑：刘雅娟
责任美编：彭怡轩
图片编辑：李晓峰
营销编辑：王思宇　石雨薇
装帧设计：何　睦
特约印制：焦文献
制　　版：北京美光设计制版有限公司
出版发行：湖南科学技术出版社
地　　址：长沙市开福区泊富国际金融中心 40 楼
网　　址：http://www.hnstp.com
湖南科学技术出版社天猫旗舰店网址：
http://hnkjcbs.tmall.com
邮购联系：本社直销科 0731-84375808
印　　刷：北京雅昌艺术印刷有限公司
版　　次：2024 年 1 月第 1 版
印　　次：2024 年 1 月第 1 次印刷
开　　本：787mm×1092mm 1/8
印　　张：18
字　　数：203 千字
书　　号：ISBN 978-7-5710-2374-4
定　　价：168.00 元